D1870995

Georg A. Göpfert

Aktiv bewerben

dtv

Beck im dtv

Aktiv bewerben

Tipps für Stellensuche, Bewerbung und Vorstellung

Von Georg A. Göpfert

Deutscher Taschenbuch Verlag

Im Internet

dtv.de

beck.de

Originalausgabe
Deutscher Taschenbuch Verlag GmbH & Co. KG,
Friedrichstraße 1a, 80801 München

Druck und Bindung: Druckerei C. H. Beck, Nördlingen
(Adresse der Druckerei: Wilhelmstraße 9, 80801 München)
Satz: Fotosatz Otto Gutfreund GmbH, Darmstadt
Umschlaggestaltung: Agentur 42 (Fuhr & Partner), Mainz

ISBN (10) 3-423-50896-5 (dtv)
ISBN (10) 3-406-53721-9 (C.H. Beck)
ISBN (13) 978-3-423–50896-4 (dtv)
ISBN (13) 978-3-406-53721-9 (C.H. Beck)

Vorwort

„Proaktiv“ wird mehr und mehr bei Stellensuchenden und Bewerber/innen zum Bewertungsmaßstab für Einstellungsentscheidungen und meint ein vorausschauendes und zielgerichtetes Bewerbungsverhalten.

Sie müssen aktiv auf Stellensuche gehen und die Gestaltung Ihres Berufsweges selbst in die Hand nehmen. Proaktiv heißt,

- Stellen aufzuspüren, die nur betriebsintern ausgeschrieben sind,
- bei der Bewerbung die Erwartung und Sichtweise des Arbeitgebers zu berücksichtigen,
- Fragen zu beantworten, bevor sie gestellt werden.

Auch in der Art und Weise, wie Sie mit Offenheit und mit echtem Interesse auf Menschen zugehen, beweisen Sie proaktiv Ihre kommunikativen Fähigkeiten.

Diese Konzeptbuch kann Ihnen helfen unter den veränderten Bedingungen betrieblicher Personalgewinnung neue Wege zum Job zu finden und dabei die bisherigen Wege wirkungsvoll zu nutzen.

Durch praxisgerechte Bausteine eines selbst organisierten Lernens wie Fallbeispiele, Schaubilder, Formulierungshilfen, Arbeitsblätter und Tipps mit Internetadressen kann dieser Ratgeber Sie in der Darstellung Ihres persönlichen Qualifikations- und Kompetenzprofils unterstützen und Ihnen helfen,

- mit einem individuellen Konzept,
- durch zielgerichtetes, systematisches Vorgehen,
- bei richtiger Einschätzung Ihrer Möglichkeiten,
- und mit einem professionellen Verhalten

sich überzeugend zu bewerben.

Dazu wünsche ich Ihnen Glück und Erfolg.

Karlsruhe, im Juni 2006 *Georg A. Göpfert*

Inhaltsübersicht

Vorwort V

Kapitel 1. Die aktive Stellensuche 1
1.1 Welche Vorentscheidungen Sie treffen müssen 1
1.2 Wie Sie sich Firmeninformationen beschaffen 7
1.3 Wie Sie eine Stellenanzeige lesen 16
1.4 Wie Sie ein Stellengesuch gestalten 29
1.5 Was Sie von der Arbeitsagentur erwarten können 34
1.6 Wie Sie die Dienste von Personalberatern nutzen 39

Kapitel 2. Die aussagefähige Bewerbung 45
2.1 Wie Sie die Vorauswahl bestehen 47
2.2 Wann Sie telefonisch anfragen sollten 53
2.3 Wie Sie sich unaufgefordert bewerben 57
2.4 Wie Sie Ihr Bewerbungsschreiben erstellen 63
2.5 Welche Unterlagen Sie schicken müssen 72
2.6 Wie Ihr Arbeitszeugnis beurteilt wird 81

Kapitel 3. Die überzeugende Vorstellung 93
3.1 Wie Sie das Vorstellungsgespräch führen 94
3.2 Welche Fragen Ihnen gestellt werden 104
3.3 Mit welchen Einstellungstests Sie rechnen müssen . . . 120
3.4 Welchen Kriterien Sie entsprechen müssen 129
3.5 Wie Sie das Vorstellungsgespräch erfolgreich führen . . 135
3.6 Was Sie beim Arbeitsvertrag beachten sollten 141

4. Anhang 157

Sachverzeichnis 171

Inhaltsverzeichnis

Vorwort V

Kapitel 1. Die aktive Stellensuche 1

1.1 **Welche Vorentscheidungen Sie treffen müssen** 2
Der interne Arbeitsmarkt – eine geschlossene Gesellschaft? 4
Nachwuchs aus eigenen Reihen – In der Karrierefalle? . 6
1.2 **Wie Sie sich Firmeninformationen beschaffen** 7
Der Mittelstand – die unentdeckte Wirtschaftskraft . . . 8
Jobsurfing im Online-Arbeitsmarkt 10
Informationen – der Stoff für die Bewerbung 13
Die einschlägige Firmendatenbank 14
1.3 **Wie Sie eine Stellenanzeige lesen** 16
Firmenportale mit Seiteneingängen 16
Kein starker Auftritt im Internet 17
Stellenanzeigen als wöchentliche Pflichtlektüre 17
Anzeigengröße und Aufmachung 18
Firmenprofil: Firmeninformation wird Bewerbungsargument 20
Stellenprofil: Aufgabenbeschreibung entspricht Berufserfahrung 22
Anforderungsprofil: Arbeitgebererwartung wird Bewerberprofil 23
Ortsangabe – Prüfstein für die Mobilität 26
Die Chiffreanzeige: Anonymität schafft Misstrauen . . . 27
Die psychologische Wirkung der Stellenanzeige 28
1.4 **Wie Sie ein Stellengesuch gestalten** 29
Eigenwerbung zahlt sich aus 30
Wer Neugier weckt, hat halb gewonnen 31
Stellengesuch und Bewerberdatenbank 32
1.5 **Was Sie von der Arbeitsagentur erwarten können** 34
Vermitteln 34
Beraten 36

Fördern 36
Finanzieren 37
1.6 **Wie Sie die Dienste von Personalberatern nutzen** 39
Personalberater als Psychotester 40
Private Arbeitsvermittlung als Newplacement 40
Verhalten gegenüber Personalberatern/Arbeitsvermittlern 41
Durchstarten mit Outplacement 42

Kapitel 2. Die aussagefähige Bewerbung 45

2.1 **Wie Sie die Vorauswahl bestehen** 47
Das Matchingverfahren – Abgleich von Anforderungsprofil und Bewerberqualifikation 48
Analyse des Bewerbungsschreibens 49
Analyse des Lebenslaufes 49
Analyse der Arbeitszeugnisse 50
Prüfung von Referenzen 50
Prüfung von Arbeitsproben 50
Graphologisches Gutachten 51
Zeigen Sie Schriftpersönlichkeit 51
Telefoninterview 52
2.2 **Wann Sie telefonisch anfragen sollten** 53
Telefonkontakt wird zum Telefoninterview 53
Kompetente Gesprächspartner erreichen 55
Ein positiver erster Eindruck 55
Nachhaken will gelernt sein 56
2.3 **Wie Sie sich unaufgefordert bewerben** 57
Von Messen, Events und Karrieretagen 58
Der Schlüssel zum „closed shop" 59
Mittelstand – Der Jobriese in der Nische 60
Informationen bieten Anknüpfungspunkte 61
Eine vollständige Bewerbung schicken 62
2.4 **Wie Sie Ihr Bewerbungsschreiben erstellen** 63
Schlüsseldokument statt Musterbrief 63
Auch die Form ist wichtig 64
. . . und der Inhalt entscheidend 65

Quereinstieg – Schwachstelle oder Chance? 66
Bachelor und ältere Bewerber 67
Umgang mit Schwachstellen 67
Gehaltswunsch als Karrierefalle 69
Persönlich anschreiben 70
2.5 **Welche Unterlagen Sie schicken müssen** 72
Bewerbungsschreiben 72
Lichtbild 73
Lebenslauf 73
Zeugnisse 76
Handschriftprobe 77
Vollständige Unterlagen 77
Vertrauliche Behandlung 79
2.6 **Wie Ihr Arbeitszeugnis beurteilt wird** 81
Einfaches und qualifiziertes Zeugnis 81
Zwischen Wahrheit und Wohlwollen 82
Erste Methode: Formulierungsskala 83
Zweite Methode: Spezialformulierungen 84
Dritte Methode: Vielsagendes Verschweigen 85
Nicht nur die Leistung zählt 85
Für die Zukunft alles Gute 86
Verlangen Sie ein Zwischenzeugnis 86
Schreiben Sie Ihr Zeugnis selbst 88
Wehren Sie sich gegen ein unrichtiges Zeugnis 88
Checkliste: Zeugnisinhalt 90

Kapitel 3. Die überzeugende Vorstellung 93

3.1 **Wie Sie das Vorstellungsgespräch führen** 94
Die Einladung ist ein erster Erfolg 94
Mit verteilten Rollen 96
Pünktlichkeit ist (k)eine Zier 97
Ein Konzept, das für Sie spricht 98
Frauen sind kommunikativer 99
Vom ersten Eindruck zum guten Abgang 99
Jobfit im passenden Outfit 100
Die Körpersprache ist verräterisch 101

3.2 **Welche Fragen Ihnen gestellt werden** 104
Die leidige K-Frage 104
Gesund heißt: Fit für den Job 106
Die Frage – Die Königin der Dialektik 107
Fragerecht des Arbeitgebers – Offenbarungspflicht des Arbeitnehmers 108
Die Gehaltsfrage – Eckstein oder Stolperstein? 110
Unzulässig Fragen – Wie verhalten? 111
Anfragen beim Arbeitgeber 113
Fangfragen sind meist überraschende Fragen 113
Auf Standardfragen überzeugend antworten 116
Mit Fragen das Gespräch führen 117
3.3 **Mit welchen Einstellungstests Sie rechnen müssen** 120
Die Gruppendiskussion zeigt Sozialverhalten auf 120
Im Assessment-Center zählt der Gesamteindruck 121
Testerei – Häufig ein Test der Unternehmenskultur . . . 123
Die Zeit – Größter Stressfaktor beim Test 125
Ihre Strategie: Bestätigung von Erwartungen 125
Tests – Schwindel und Stümperei? 126
Test contra Zufall und Willkür? 128
3.4 **Welchen Kriterien Sie entsprechen müssen** 129
Persönlichkeit und Qualifikation 130
Selbsttest – Konfliktfähigkeit 131
Praxis durch Praktika 132
„Der Studienort macht's" – Wirklich? 134
3.5 **Wie Sie das Vorstellungsgespräch erfolgreich führen** . . . 135
Erster Schritt: Aktiv und zielwirksam vorbereiten 136
Zweiter Schritt: Argumentieren im Fünfsatz 137
Dritter Schritt: Sympathiefeld aufbauen 138
Zuhören statt hinhören schafft Vertrauen! 139
Der Alltag als Übungsfeld 140
3.6 **Was Sie beim Arbeitsvertrag beachten sollten** 141
Vertragsfreiheit und Weisungsrecht 142
Probezeit – Künftig 24 Monate? 143
Befristete Arbeitsverhältnisse – Sprungbrett für Einsteiger 143
Ihr überaschendes Angebot 145
Durch Zeitarbeit zum festen Job 145

Vom Wert mündlicher Absprachen 147
Vereinbarung durch Bestätigung – Die stillschweigende Annahme 148
Tarif und Gehalt 149
Das Informationskartell der Tarifpartner 151
AT-Angestellte als „arme Teufel"? 154
Gleitklausel im AT-Vertrag 155

4. Anhang 157
4.1 Vertragsmuster 157
4.2 Arbeitsblätter 163

Sachverzeichnis 171

Kapitel 1. Die aktive Stellensuche

Es gibt keinen Königsweg zu einem neuen Arbeitsplatz, sondern Bewerber müssen ihren eigenen Weg finden. Gefragt sind Eigeninitiative und Kreativität um zu vermeiden, dass Ihre Bewerbung in der großen Papierflut untergeht, weil Sie ungeprüft die ausgetretenen Wege gehen. Im Jahr 2004 haben 58 Prozent der Arbeitslosen, nicht zuletzt dank des Internets – ihre neue Stelle selbst gesucht.

Wenig Initiative zeigen Bewerber, die auf das geeignete Stellenangebot in der Zeitung oder von der Agentur für Arbeit warten. Viele Bewerber konkurrieren um die vergleichsweise wenigen Stellen und berücksichtigen nicht, dass nur die Hälfte aller tatsächlich vorhandenen Stellen auf dem offenen Arbeitsmarkt angeboten werden.

Von je 100 Unternehmen nutzen zur Stellenbesetzung

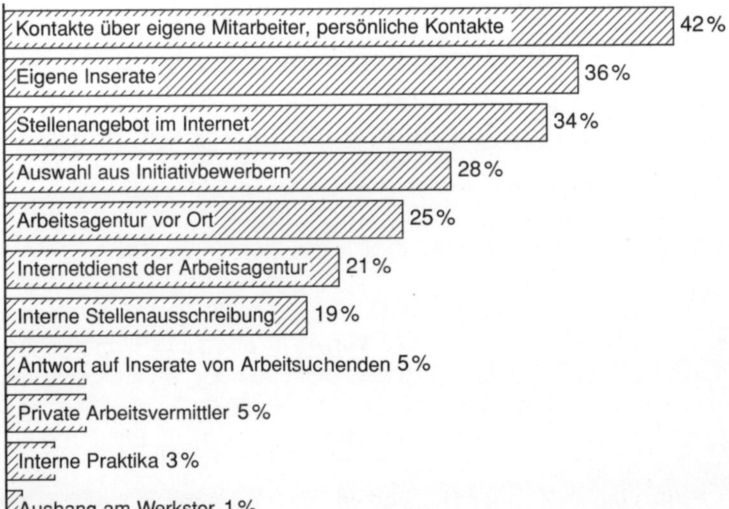

Abb. 1: Wege der Mitarbeitersuche (Quelle: IAB, Stand 2004, Mehrfachnennungen)

Mit neuen Wegen können Sie sich den verdeckten Arbeitsmarkt erschließen und sich als Problemlöser statt als Bittsteller profilieren. Sogar die Chefs der staatlichen Arbeitsagenturen fordern Stellensuchende auf, selbst aktiv zu werden, zumal nur ein Viertel der Unternehmen die Arbeitsagenturen für eine Stellenbesetzung einschaltet.

Erfolgversprechend ist Netzwerkarbeit, der persönliche Kontakt und die Beziehungen über Verwandte, Bekannte oder Ex-Kollegen. Doch Beziehungen wollen gepflegt sein.

Wenn Unternehmen neue Mitarbeiter suchen, zählen vor allem gute Kontakte, wie eine Erhebung des Instituts für Arbeitsmarkt- und Berufsforschung (IAB) zeigt. Folgen Sie den Wegen der Unternehmen bei der Stellenbesetzung.

In einer Umfrage zu den Einstellungsplänen 2006 bei rund 600 der wichtigsten Arbeitgeber durch die Zeitschrift „Karriere" gaben die Unternehmen an, im Jahr 2006 über 20 000 Nachwuchskräfte rekrutieren zu wollen – ein Viertel mehr als in 2005 eingestellt wurden.

@WEBTIPP: www.karriere.de/Top-einsteller_2006

Die Trendwende am Arbeitsplatz steht auch laut einer Umfrage der Jobbörse Stepstone bei 1875 Personalmanagern bevor, bei der 56 Prozent der Unternehmen in Deutschland angaben, ihr Personal aufstocken zu wollen.

1.1 Welche Vorentscheidungen Sie treffen müssen

Personalbeschaffung ist unter Berücksichtigung gesetzlicher, tariflicher und betriebsinterner Vorgaben meist ein längerer Planungs- und Entscheidungsprozess. Bedenken Sie auch die betriebliche Praxis wonach jede frei gewordene Stelle zunächst einmal zur Disposition steht, d. h. ihre Notwendigkeit in Frage gestellt wird.

Wenn eine Stelle extern angeboten wird und damit Bewerbern bekannt wird, liegen eine Reihe von Vorentscheidungen und Fristen bereits zurück. Dies lässt sich am Zeitplan des folgenden Fallbeispiels verdeutlichen:

Abb.2: Gründe für die Vakanz einer Stelle

Ein Angestellter mit tariflicher Kündigungsfrist hat zum 31.3. gekündigt. Die Stelle soll möglichst bald wieder besetzt werden. Der neue Mitarbeiter hat die gleiche Kündigungsfrist von 6 Wochen zum Quartalsende. Da die Personalabteilung in ihrer Beschaffungsplanung auch bei einem großen Angebot arbeitsloser Bewerber in der Regel den neuen Mitarbeiter aus einem bestehenden Beschäftigungsverhältnis gewinnen will, vergeht meist ein halbes Jahr bis ein qualifizierter Arbeitsplatz wieder besetzt werden kann.

Zudem nehmen die Unternehmen immer längere Wartezeiten und Recherchen in Kauf, bis sie den richtigen Mitarbeiter gefunden haben. In Einzelfällen und für weniger qualifizierte Stellenangebote kann die kurzfristige Verfügbarkeit z. B. für einen Arbeitslosen eine Chance bieten. Das Argument, dass Sie „kurzfristig zur Verfügung" stehen, sollten Sie jedoch nur gebrauchen, wenn es im Stellenangebot angesprochen ist.

Aber auch eine längere Kündigungsfrist als sie für die Tätigkeit üblich ist, kann Ihre Chance erheblich mindern, denn dadurch verzögert sich die Wiederbesetzung einer Stelle zusätzlich. In diesem Fall ist es ratsam, im Bewerbungsschreiben oder im Lebenslauf einen „frühesten Eintrittstermin“ nicht zu nennen. Sollte im Vorstellungsgespräch Ihre Bewerbung am Einstellungstermin scheitern, dann weisen Sie darauf hin, dass Sie mit Ihrem derzeitigen Arbeitgeber über ein früheres Ausscheiden verhandeln können. Wenn Sie einzelvertraglich durch lange Kündigungsfristen gebunden sind, sollten Sie durch Stellengesuche (siehe Kap. 1.4) und unaufgeforderte Bewerbungen (siehe Kap. 2.3) diese Einschränkung umgehen.

Tipp: Richten Sie Ihr Timing nach den Einstellungsterminen!

Die wichtigsten Einstellungstermine sind der 1. April und der 1. Oktober jeden Jahres. Daran sollten sich vor allem auch Berufsanfänger orientieren und sich rechtzeitig, d. h. 4 bis 6 Monate vor dem geplanten Eintrittstermin, bewerben. Dafür ist ein zuverlässiger Nachweis über den voraussichtlichen Studienerfolg z. B. mit Vorschlagsnoten nötig.

Durch die gesetzliche Verkürzung der Kündigungsfristen für Angestellte auf einen Monat ist die Einstellungspraxis der Unternehmen zwar flexibler geworden, doch gilt dies nur für kleine Betriebe und Unternehmen der New Economy, da in den meisten Unternehmen noch tarifvertraglich die alten Kündigungsfristen mit 6 Wochen zum Quartalsende gelten.

Der interne Arbeitsmarkt – eine geschlossene Gesellschaft?

Jede zweite freie Stelle wird nach Untersuchungen des Instituts für Arbeitsmarkt- und Berufsforschung (IAB) in Nürnberg nicht öffentlich ausgeschrieben. Sie existieren lediglich auf dem verdeckten internen Arbeitsmarkt. Mit der zunehmenden Einrichtung von Mitarbeiterbörsen in den Großunternehmen wird das betriebliche Bewerberpotential systematisch erfasst und noch stärker genutzt.

Bewerber bekommen die Realität des verschlossenen internen Arbeitsmarktes mit der „Omnibus-Theorie“ voll zu spüren: Wer drin sitzt, hält die Türen zu! Im Betriebsverfassungsgesetz ist dem Betriebsrat ein Vorschlagsrecht zur Einrichtung einer innerbetrieblichen Stellenausschreibung eingeräumt. Viele Unternehmen haben von sich aus dieses personalpolitische Instrument zur Förderung, Motivation und Bindung der Mitarbeiter eingeführt, das mit der Software „Intrajob“ in Großunternehmen zu einer weltweiten internen Job- und Karrierebörse ausgebaut werden kann. Darin sind die Anforderungsprofile für vakante Stellen und die Kompetenzprofile – mit bis zu 400 einzelnen Qualifikationskriterien – der Mitarbeiter gespeichert.

Die Software überprüft den internen Arbeitsmarkt und zeigt mittels einer Prozentzahl an, wie gut eine Person für die vakante Stelle geeignet erscheint.

In einer schwierigen Beschäftigungslage erweist sich diese betriebliche Einrichtung für Sie als externen Bewerber immer mehr als eine unüberwindliche Barriere, denn, wenn Stellen nur innerhalb des Unternehmens ausgeschrieben und angeboten werden, bleiben sie Nichtfirmenangehörigen verborgen und damit für eine Bewerbung verschlossen. Besonders dann, wenn der Betrieb für bestimmte Aufgaben Personal sucht, aber in anderen Bereichen Arbeitnehmer entlassen will, erweist sich die interne Stellenausschreibung als ein wirkungsvolles Instrument der Belegschaftsvertretung, um Entlassungen zu verhindern – freilich auf Kosten externer Bewerber. So lässt sich manche, für Sie unerwartete und unverständliche Absage damit erklären, dass einem Betriebsangehörigen doch der Vorzug gegeben wurde – häufig auf Druck der Belegschaftsvertretung.

Tipp: Erschließen Sie sich den internen Arbeitsmarkt – unaufgefordert!

Diese Hürde lässt sich durch eine unaufgeforderte Bewerbung (siehe Kap. 2.3) umgehen, sofern Sie von einem internen Stellenangebot Kenntnis erhalten. Fragen Sie deshalb immer wieder Freunde oder Bekannte, ob in deren Betrieb Stellen ausgeschrieben sind, die für Sie interessant sein können.

Nachwuchs aus eigenen Reihen – In der Karrierefalle?

Wenn Sie sich zum qualifizierten Führungsnachwuchs zählen, muss die wöchentliche Lektüre und das Surfen im überregionalen Stellenmarkt Anlass zur Ernüchterung sein, denn Sie finden kaum ein Stellenangebot für Gruppen- oder Abteilungsleiter. Als qualifizierter Sachbearbeiter, der Gruppenleiter werden will und im eigenen Unternehmen keine Chancen sieht, sollten Sie Ihre Aufstiegsplanung überdenken. Nicht erst seit dem Abbau ganzer Führungsebenen durch Leanmanagement bleibt Ihnen nur die „Ochsentour", d. h. Sie müssen zunächst in eine Sachbearbeiterfunktion in ein anderes Unternehmen überwechseln.

Ein Quer- oder Diagonaleinstieg in eine erste Führungsposition wird aufgrund eines Stellenangebotes in der Zeitung selten möglich sein. Nachwuchsförderung und das Prinzip, die eigenen Mitarbeiter für einen beruflichen Aufstieg vorrangig zu berücksichtigen, erschweren den „Diagonaleinstieg" für Aufsteiger. Dies gilt besonders in größeren Unternehmen. Doch selbst der Führungsnachwuchs aus betrieblichen Traineeprogrammen kann nicht mehr unbedingt mit dem Aufstieg rechnen. Viele Nachwuchskräfte müssen ihre Karriereplanung überprüfen und evtl. frühzeitig einen Stellenwechsel vorbereiten.

Persönliche Kontaktpflege und (vorsichtiges) Sondieren bei Kunden, Lieferanten und Geschäftspartnern des eigenen Unternehmens oder auch bei der Konkurrenz sind für die ersten Stationen Ihres beruflichen Aufstiegs erfolgversprechender als das (meist nutzlose) Warten auf ein entsprechendes Stellenangebot in der Zeitung. Tagungen, Messen oder die Nutzung geschäftlicher Kontakte bieten für Ihre Karriere bessere Chancen. So machen Sie sich von betrieblichen Entscheidungen unabhängig und werden nicht „vergessen".

So stellen Sie sich auf innerbetriebliche Vorentscheidungen ein:

(1) Achten Sie auf die Einstellungstermine jeweils zum Quartal!

(2) Argumentieren Sie nicht mit Ihrer kurzfristigen Verfügbarkeit (es sei denn, es ist im Stellenangebot gefordert/gewünscht)!

(3) Nennen Sie keinen späteren Eintrittstermin, als im Stellenangebot steht!

(4) Umgehen Sie durch Eigeninitiative lange Kündigungsfristen!
(5) Bewerben Sie sich unaufgefordert auf interne Stellenausschreibungen!
(6) Leiten Sie frühzeitig einen Stellenwechsel für den Aufstieg ein!
(7) Pflegen Sie vielversprechende Kontakte für Ihren beruflichen Aufstieg!
(8) Machen Sie sich von betrieblichen Entscheidungen unabhängig!

1.2 Wie Sie sich Firmeninformationen beschaffen

„Die Konzerne stellen doch kaum mehr ein. Karriere macht man heute nicht mehr in Großunternehmen. Absolventen müssen daher begreifen, dass es gar keinen Zweck hat, sich nach deren Anforderungen zu richten. Sie müssen sich darauf einstellen, in mittleren oder kleineren Unternehmen zu arbeiten oder sich selbständig zu machen." So der Geschäftsführer eines Beratungsunternehmens.

Mittelständische Unternehmen leisten sich kein aufwendiges Personal- und Hochschulmarketing und verteilen keine Hochglanzbroschüren oder schalten Anzeigenkampagnen, um Bewerber auf sich aufmerksam zu machen. Zudem werden kleinere und mittlere Unternehmen durch die Arbeitsagenturen benachteiligt, da die Nürnberger Bundesagentur in ihrem „Handlungsprogramm Arbeitgeber" verfügt hat, die Jobakquise auf große „potentialreiche" Unternehmen zu beschränken. Nach Schätzungen gehören nur vier Prozent der 3,3 Mio. Betriebe zu diesen „Premiumkunden".

Wenn es Ihnen gelingt, sich Informationen über ein mittelständisches Unternehmen zu beschaffen, so haben Sie den Vortest für künftige Aufgaben schon fast bestanden.

Heimliche Champions – Wie sich spannende Unternehmen im Mittelstand aufspüren lassen:
Einen potentiellen Arbeitgeber im Mittelstand zu finden ist nicht ganz einfach. Die meisten Firmen sind eher unauffällig, ihre Produkte häufig unbekannt, und die Standorte liegen oft fernab der großen Ballungszentren. Absolventen auf der Suche brauchen schon Phantasie und Beharrlichkeit, um den passenden Job zu finden.

- Einen guten Überblick über Großunternehmen und mittelständische Firmen geben die Standard-Nachschlagewerke vom Verlag Hoppenstedt. Man kann sich im Internet (www.hoppenstedt.de) für einen kostenlosen Test der Online-Version anmelden und eine Woche lang die Datenbank durchstöbern..

- Bisweilen helfen auch Branchenverbände oder die Handelskammern weiter. Sie geben zwar keine detaillierten Auskünfte über mögliche Arbeitgeber, wohl aber Grundinformationen über Branchen, deren wirtschaftliche Situation und ihre Perspektiven. Manchmal nennen sie auch den einen oder anderen Firmennamen, bei dem sich eine Bewerbung lohnt.
- Viele Mittelständler engagieren sich als Förderer von Berufsakademien. Über das Sponsorenverzeichnis der Ausbildungsstätten lassen sich Unternehmen ausmachen, die an akademischem Nachwuchs interessiert sind.
- Auch Hochschulen können Informationsquellen sein – jedenfalls diejenigen, die spezielle Lehrstühle für Mittelstandsforschung eingerichtet haben. An der FH Lüneburg, in Bayreuth und in Kürze auch an der FH in Flensburg sind Professoren auf kleine und mittlere Unternehmen spezialisiert.
- An der WHU Koblenz gibt es ein so genanntes Forum Mittelstand. Dort treffen sich Praktiker zu Seminaren und Workshops; an denen dürfen auch Studenten teilnehmen, die nicht an der WHU studieren.
- Auf jeden Fall einen Versuch wert sind die lokalen Treffen des Bundesverbands Junger Unternehmer oder anderer Interessengemeinschaften. Wer eine Einladung ergattert, kann auf den Veranstaltungen potentielle Arbeitgeber gleich persönlich kennen lernen.
- Mittelständler sind zwar nur sehr selten auf Hochschulmessen vertreten, dafür zählen sie zu den regelmäßigen Ausstellern auf Fachmessen. Wer ihren Stand nicht gerade am Eröffnungstag besucht, hat gute Chancen, interessante Gespräche zu führen und Kontakte zu knüpfen.
- Und schließlich: Die Wirtschafts- und Lokalseiten regionaler Tageszeitungen sind immer wieder gute Quellen, wenn es um das Aufspüren von Mittelständlern und ihren Aktivitäten geht.

(Quelle: Managermagazin)

Der Mittelstand – die unentdeckte Wirtschaftskraft

„Der Mittelstand überzeugt durch unkonventionelle Ideen und enorme unternehmerische Kraft“, stellt Hans-Herbert Strombeck, Vorsitzender des Verbandes der Bürgschaftsbanken in einem Interview fest.

Die Mittelständler stehen in der Gunst der Arbeitnehmer vorn, wie eine Studie des Bonner Instituts für Wirtschaftsforschung zeigt. In 7 von 15 Kriterien bieten kleine und mittlere Unternehmen bessere Arbeitsbedingungen als Großunternehmen.

Was Arbeitnehmern bei Firmen bis zu 200 Beschäftigten besser gefällt als bei Konzernen:

- Abwechslungsreichere Tätigkeit,
- selbständigere Gestaltung des Arbeitsablaufs,
- weniger strenge Leistungsbeurteilung,
- weniger Wechselschichten,
- mehr Einbindung in wichtige Unternehmensentscheidungen,
- weniger befristete Arbeitsverträge,
- Arbeitsplatz näher am Wohnort.

Das Porträt der „Top-Arbeitgeber im Mittelstand", so ein Gütesiegel für ausgezeichnete Unternehmen, finden Sie im Internet unter www.topjob.de.

Auch in der Krise bleibt der Mittelstand der Motor für Wachstum und Beschäftigung. Von 1996 bis 2003 hat die Zahl der sozialpflichtigen Beschäftigten in Unternehmen mit bis zu 499 Mitarbeitern um 1,5 Prozent zugenommen, während bei Großunternehmen 15 Prozent der Beschäftigten abgebaut wurden. Jeder zehnte Mit-

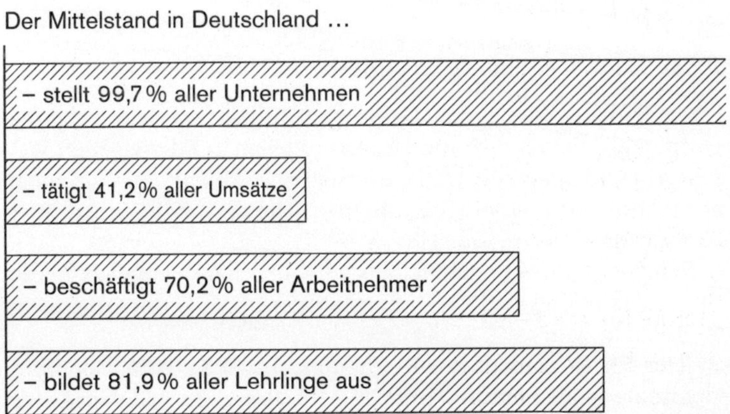

Abb.3: Der Mittelstand in Deutschland (Quelle: IfM Bonn, Stand 2002/2003)

telständler will nach einer Umfrage des Deutschen Industrie und Handelstages (DIHT) neue Arbeitsplätze schaffen.

Gerade für Hochschulabsolventen bieten mittelständische Unternehmen gute Berufschancen und Freiräume.

In einer Umfrage des „Handelsblatt“ hat sich bestätigt, dass Hochschulabsolventen im Mittelstand gegenüber solchen in Großbetrieben doppelt so häufig Budget- und Projektverantwortung und sehr früh Führungsverantwortung übernehmen können, sodass das durchschnittliche Einstiegsgehalt im Mittelstand höher als in Großbetrieben liegt.

Die Zeiten, in denen der Mittelstand sich vor allem für nichtstudierte Experten interessierte, sind vorbei.

Mit dem Generationenwechsel kommt ein neuer Typus mittelständischer Unternehmer, der moderne Personalführung praktiziert und der sich die Kompetenzen im Wissens- und Technologietransfer zwischen Hochschule und eigenem Unternehmen erschließt. In der groß angelegten Mittelstandsstudie MIND der Zeitschrift „impulse“ finden Sie Argumente für eine Bewerbung auf Deutschlands größtem Arbeitsmarkt, den es noch zu erobern gilt.

@WEBTIPP: www.impulse.de/mind; www.mittelstand-plus.de

> **Tipp:** Erschließen Sie sich die Chancen im Mittelstand!

Jobsurfing im Online-Arbeitsmarkt

Nach einer Studie des Deutschen Industrieverlags schreiben Großunternehmen drei von vier freie Stellen auf der eigenen Webseite aus und knapp die Hälfte der Stellen veröffentlichen sie zudem bei Jobbörsen. Bei Mittelständlern ist das Verhältnis etwa 60 zu 25 Prozent.

Mehr als 80 Prozent der Stellensuchenden setzen auf das Internet. Besonders gefragt sind die Online-Jobbörsen der Unternehmen und Suchmaschinen.

Über 600 Jobbörsen bedienen den virtuellen Arbeitsmarkt in Deutschland, der nur mit Hilfe von Job-Robotern wie dem Marktführer Jobworld erschlossen werden kann. Job-Roboter funktionieren wie beispielsweise die Suchmaschine Google. Sie geben die ge-

So viel Prozent der bei ... zu besetzenden Stellen werden hier ausgeschrieben

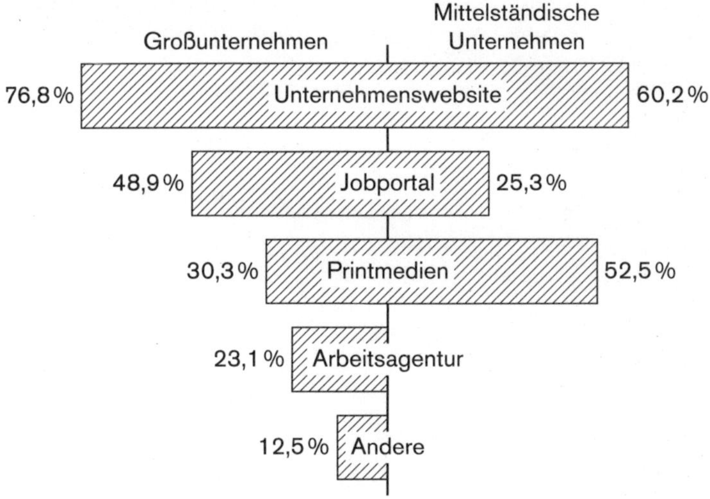

Abb.4: Stellensuche online

wünschte Position in eine Maske ein, die Suchmaschine listet Ihnen alle passenden Stellenausschreibungen auf, nachdem alle relevanten Seiten von der Arbeitsagentur bis zu Firmenhompages durchsucht wurden.

@WEBTIPP: www.jobworld.de; www.stellenmarkt.de; www.worldwidejobs.de; www.jobtv24.de

So werden Sie schneller fündig:

- Durchsuchen Sie die großen Jobbörsen mit umfassendem Angebot.
- Geben Sie bei der Suche nicht gleich auf, wenn Sie bei der ersten Abfrage nicht fündig werden. Experimentieren Sie mit verschiedenen Such- oder Schlüsselbegriffen.
- Suchen Sie auch in Spezialbörsen, die auf Ihren Berufsbereich zugeschnitten sind.
- Nutzen Sie Suchmaschinen, mit denen Sie mehrere Jobbörsen gleichzeitig durchforsten können.

- Nutzen Sie die Möglichkeit, sich regelmäßig per E-Mail über neu eingetroffene Stellenangebote informieren zu lassen.
- Stöbern Sie in den Jobbörsen auch nach Stellen in benachbarten Branchen oder Berufen und werfen Sie einen Blick auf Stellenangebote aus anderen Regionen.
- Zahlreiche Unternehmen haben Stellenangebote auf ihre Homepage gestellt – ein Besuch lohnt sich!

Die Leistungen der meisten Jobbörsen sind vergleichbar und bieten neben dem E-Mail-Service, der Möglichkeit zur Online-Bewerbung und Bewerberdatenbanken, Links zu Firmenhomepages sowie Informationen und Tipps für die Karriere.

Neben der staatlichen Jobbörse der Bundesagentur für Arbeit beherrschen die fünf privaten Börsen: jobware Monster, Stepstone, Jobscout24 und Jobpilot den Markt. Auf diese großen Fünf entfallen 80 Prozent aller online geschalteten Stellenanzeigen, wobei Jobpilot und Monster fusioniert haben.

@WEBTIPP: www.arbeitsagentur.de; www.monster.de; www.jobpilot.de; www.jobscout24.de; www.stepstone.de; www.jobware.de

Eigens für Hochschulabsolventen wurde die Stellenbörse www.stellenanzeigen.de eingerichtet, die monatlich ca. 700 000 Besucher zählt und gut 150 000 Bewerberprofile ausweist.

Absolute Marktführerin der Stellenanbieter im Netz ist mit rund 400 000 Stellenangeboten im deutschsprachigen Raum die Bundesagentur für Arbeit, zu denen Sie in allen Arbeitsagenturen vor Ort einen Zugriff haben. Damit betreibt die Bundesagentur die größte Jobbörse Europas. Auf lediglich rund 82 000 Stellenangebote summieren sich die Ausschreibungen aller privaten Jobbörsen in Deutschland.

Mehr und mehr nutzen die Unternehmen dieses Internetangebot bei der Suche nach neuen Mitarbeitern und stellen ihre Arbeitsplatzangebote ins Netz der BA. Nach einer Umfrage der Arbeitsgemeinschaft Selbständiger Unternehmer e. V. gehen 70 Prozent der Mittelständler diesen Weg der Personalsuche.

Mit dem benutzerfreundlichen Bewerbermanagement der BA können Sie Ihre Bewerbung einschließlich Ihrer Unterlagen online eingeben und der Arbeitgeber kann die Online-Bewerbungen verwalten und das Bewerbungsverfahren elektronisch abwickeln. Die Jobbörse der BA ermöglicht auch, Bewerbungen aus anderen Quellen zu erfassen.

Es ist nicht empfehlenswert, sich online zu bewerben, wenn der Stellenanbieter nicht ausdrücklich dazu auffordert.

Nur ungern verzichten die Personalchefs auf die gewohnte Papierform einer Bewerbung, und nicht selten scheitert eine elektronische Bewerbung schon an der technischen Ausstattung der Personalabteilung.

Doch bei der Informationsbeschaffung und Stellensuche sind Sie Mitbewerbern durch Ihre Jobsuche im Internet eine Nasenlänge voraus und beweisen, dass Sie das neue Medium beherrschen.

Informationen – der Stoff für die Bewerbung

Die erweiterte Publikationspflicht für „Gesellschaften mit beschränkter Haftung" (GmbH) verbessert auch für Bewerber die Beschaffung von Informationen, wobei auch die Abfrage über spezialisierte Datenbanken möglich und hilfreich sein kann.

Zur wichtigsten und zudem leicht zugänglichen Informationsquelle sind die Internetauftritte der Firmen mit eigener Homepage und in Jobbörsen geworden.

Firmenprofile für Bewerber, Absolventen, angehende Diplomanden und Praktikanten bietet „junge karriere", das Jobmagazin vom „Handelsblatt".

@WEBTIPP: www.karriere.de – Link Firmenprofile; www.forum.de

Für ein aktives und auf Argumentation aufbauendes Bewerbungskonzept sind Informationen über mögliche Arbeitgeber eine wesentliche Voraussetzung. Nur dadurch kann der Informationsvorsprung des Arbeitgebers im Vorstellungsgespräch gemindert werden. Zudem zeigen Sie ein berufsbezogenes Informationsverhalten, das vor allem in der Nutzung moderner Medien erwartet wird.

Da Stellenanzeigen nicht ausreichend über das inserierende Unternehmen informieren können, müssen Sie sich zusätzlich Hintergrundinformationen beschaffen. Bei größeren Unternehmen, z. B. Aktiengesellschaften, ist es nicht allzu schwierig, an Informationsmaterial zu kommen. Außerdem finden sich über Großbetriebe häufig Artikel in Fachzeitschriften und Tageszeitungen. Lesen Sie deshalb nicht nur den Anzeigenteil am Wochenende, sondern auch regelmäßig den Wirtschaftsteil einer großen Tages- und Wochenzeitung.

Nutzen Sie diese Hinweise für gezielte Bewerbungen in so genannten Wachstumsbranchen. Sie haben damit auch eine überzeugende Begründung für eine unaufgeforderte Bewerbung (siehe Kap. 2.3).

Tipp: Nutzen Sie die vielfältigen Informationsquellen über Firmen!

Mittel- und Kleinbetriebe verfügen ebenfalls über verschiedene Publikationen wie Werbeprospekte, Firmenbroschüren, Jahresberichte und PR-Material, die von Nutzen sein können.

Darüber hinaus ist es ratsam und erforderlich, zusätzliche Informationen über das Unternehmen einzuholen. Dies wird bei ortsansässigen Betrieben auch über Freunde oder Bekannte möglich sein.

Auskünfte von Wirtschaftsauskunfteien sind kostspielig und enthalten nicht unbedingt die wirklich interessanten Informationen für Ihre Bewerbung.

Die einschlägige Firmendatenbank

In Ihrer Stadtbücherei, Uni- oder Firmenbibliothek finden Sie die größte Firmendatenbank Deutschlands des Hoppenstedt Verlags, Darmstadt, mit detaillierten Profilen von 200 000 deutschen Firmen und Institutionen und über 650 000 Entscheidern.

@WEBTIPP: www.firmendatenbank.de

Entwickeln Sie daraus ein Firmenporträt/-profil: Kapital, Umsatz, Marktanteil, Bilanzergebnis, Belegschaftsstärke, Konzernzugehörigkeit, Tochtergesellschaften, Art der Unternehmensaktivitäten, Produktionsprogramm, Qualitäts- und Preisniveau, Absatzfähigkeit, Kundenkreis, Wettbewerber, Führungsstil, Zukunftspläne, besondere Leistungs- und Planungssysteme in Betriebswirtschaft, Technik, Vertrieb und in der Organisations- und Kommunikationsstruktur.

> **Tipp:** Entwickeln Sie aus Informationen ein Firmenprofil!

Diese Nachschlagewerke stehen evtl. als CD-ROM oder im Intranetz nahezu in jedem Betrieb zur Verfügung, um sie als Erstinformation über neue Kunden oder Lieferanten zu nutzen. Daneben gibt es noch eine Reihe von branchenbezogenen Nachschlagewerken, die z. T. ebenfalls in den öffentlichen Bibliotheken stehen oder die Sie in den Fachabteilungen Ihres Betriebes finden können.

Joblexika bieten nützliche Seiten zum Nachschlagen für den Berufseinsteiger bzw. Tipps aus der Berufswelt. Neben den Bundesministerien halten Wirtschaftsverbände und Verlage für Berufswahl, Stellensuche und Bewerbung hilfreiche und verwertbare Informationen bereit. Einen Firmenguide für Bewerber hat die Zeitschrift „WISU Das Wirtschaftsstudium" ins Netz gestellt mit Links direkt auf die Homepages der jeweiligen Unternehmen.

@WEBTIPP: www.wisu.de; www.deutsche-wirtschaft.de; www.berufsstart.de

Ihr Gesprächspartner sollte bei Ihrer Bewerbung erkennen, dass Sie sich über Ihren möglichen zukünftigen Arbeitgeber hinreichend und sachkundig informiert haben. Sie können durch Detailkenntnis später im Vorstellungsgespräch nachfragen und damit Ihre Kompetenz und Ihr Interesse wirkungsvoll unter Beweis stellen.

So können Sie sich Hintergrundinformationen für Ihre Bewerbung beschaffen:

(1) Nutzen Sie private und Geschäftskontakte zur Informationsbeschaffung!
(2) Berücksichtigen Sie Firmenpräsentationen im Internet!
(3) Schlagen Sie in Handbüchern nach!
(4) Erbitten Sie bei einer Einladung zum Vorstellungsgespäch ausführliche Firmeninformationen! (Wenn sie Ihnen nicht schon mit dem Einladungsschreiben zugeschickt wurden)
(5) Lesen Sie regelmäßig den Wirtschaftsteil einer großen Tageszeitung!
(6) Achten Sie bewusst auf so genannte Wachstumsbranchen!
(7) Machen Sie sich ein Bild von Ihrem möglichen neuen Arbeitgeber!
(8) Entwickeln Sie aus den Informationen ein Firmenporträt/-profil!

1.3 Wie Sie eine Stellenanzeige lesen

Grundsätzlich sind bei Stellenangeboten im Internet die gleichen Prinzipien wie bei Zeitungsanzeigen zu beachten. So sollten alle relevanten Informationen, die Sie als potentieller Bewerber für Ihre Entscheidung benötigen, übersichtlich gegliedert und dem Medium gerecht dargestellt werden. Die Möglichkeiten, die das Internet im Bereich der Personalanwerbung bietet, werden aber auf den Firmen-Webseiten noch unzureichend genutzt. Ergänzend zu den grundlegenden Gestaltungsrichtlinien für Stellenanzeigen sollten folgende Besonderheiten beachtet werden: Auffindbarkeit der Jobseiten, benutzerfreundliche Gestaltung, Informationsgehalt, Interaktivität und eine internetgerechte Aufbereitung der Stellenangebote.

Firmenportale mit Seiteneingängen

Die Auffindbarkeit des Internetauftritts eines Unternehmens und seines Stellenangebotes im unübersichtlichen Web ist eine Grundvoraussetzung für ein erfolgreiches E-Recruiting. Dazu eignen sich Werbemaßnahmen im World Wide Web wie beispielsweise der Eintrag in Suchmaschinen, das Anbringen von Werbebannern und Verlinkung von anderen Internetseiten zu der eigenen Website.

Die Registrierung in Internet-Suchmaschinen sowie die Teilnahme an externen Stellenbörsen die interessierte Bewerber direkt auf die unternehmenseigene Website leiten, sind unverzichtbar.

Neben der Auffindbarkeit des allgemeinen Internetauftritts des Unternehmens ist bereits auf dessen Eingangsseite ein Verweis und eine Verknüpfung auf den Stellenteil hilfreich. Ein positiver Nebeneffekt dieses „Job- oder Karrierelinks“ auf der Eingangsseite ist die Chance, dass Marktbeobachter, die ursprünglich wegen anderer Informationen die Firmenwebsite besuchen und die einem beruflichen Wechsel oder Einstieg nicht abgeneigt sind, angesprochen werden.

Kein starker Auftritt im Internet

Der Internetauftritt erlaubt im Vergleich zum Medium Zeitung eine kostengünstigere, detailliertere und zielgruppenspezifischere Information der Bewerber. Informationen über das Unternehmen, über berufliche Einstiegs- und Entwicklungsmöglichkeiten sowie ausführliche Beschreibungen der vakanten Stellen können auf der Website veröffentlicht werden.

Zur gezielten Information und Bewerberansprache trägt die effiziente und internetgerechte Gestaltung der Job-Seiten bei. So sind für Hochschulabsolventen, die konkret ihren Berufseinstieg planen, Erstinformationen für Nachwuchskräfte sowie Entwicklungsmöglichkeiten von Interesse, während bereits erwerbstätige Personen sich vor allem über aktuelle Stellenangebote, unterschiedliche Tätigkeitsfelder sowie für Unternehmensstrategie und -kultur interessieren werden.

Mit der Veröffentlichung von Antworten auf häufig gestellte Fragen von Bewerbern auf der Firmen-Hompage können Sie sich gut auf die entsprechende Fragestellung in dem jeweiligen Unternehmen vorbereiten.

Der besondere Vorteil des neuen Anwerbemediums – die Interaktivität – wird von den Unternehmen nur wenig genutzt, wie eine Untersuchung der Dr. Jäger Management-Beratung zeigt. So gibt es nur wenige gute Internet-Auftritte für eine motivierende und wirkungsvolle Interaktion zwischen Bewerber und Unternehmen. Erfolgreiche Stellenanzeigen beschreiben genau das Profil des geeigneten Mitarbeiters und sprechen den richtigen potentiellen Bewerber an.

Eine Stellenanzeige – ob in den Printmedien oder im Internet – ist noch kein rechtsverbindliches Vertragsangebot. Sie ist nur eine Aufforderung zur Abgabe einer Bewerbung. Nach dem Grundsatz von Treu und Glauben dürfen Sie jedoch davon ausgehen, dass die in der Stellenanzeige enthaltenen Angaben tatsächliche Grundlage für Einstellverhandlungen sind.

Stellenanzeigen als wöchentliche Pflichtlektüre

Um aus einer Anzeige ausreichende und überzeugende Argumente für Ihre Bewerbung gewinnen zu können, müssen Sie regelmäßig den Stellenmarkt beobachten und analysieren. Der Stellenmarkt sollte deshalb für Sie eine wöchentliche Pflichtlektüre sein. Aus dem Vergleich mit anderen Stellenangeboten können Sie dann eine Sie interessierende Offerte verlässlich beurteilen.

Für die Analyse eines Stellenangebotes ist es zweckmäßig, wenn Sie den systematischen Aufbau einer Stellenanzeige berücksichtigen, wie er von Personalabteilungen oder beauftragten Agenturen zugrunde gelegt wird. Verwenden Sie das Arbeitsblatt: **Anzeigenanalyse** im Anhang zur Beurteilung eines Stellenangebotes oder schreiben Sie sich stichwortartig die wichtigsten Angaben in der Anzeige heraus. Lesen Sie regelmäßig die Zeitungen, die für Ihre Qualifikation und den Sie interessierenden Aufgaben- und Tätigkeitsbereich wichtig sind. Prüfen Sie auch, ob Fachzeitschriften Stellenanzeigen bringen, die für Sie interessant sind. Nutzen Sie die Analyse des Stellenmarktes, um Klarheit über Ihre eigenen Erwartungen zu gewinnen und um mögliche Schwachstellen in Ihrem Ausbildungs- und Berufsweg zu erkennen.

Anzeigengröße und Aufmachung

Die Bedeutung der Position, die erwünschte oder notwendige Qualifikation und die gebotene Bezahlung stehen bei seriösen Anzeigen in einem direkten Verhältnis zum Anzeigenformat und zur Aufmachung. Besonders groß ist das Missverhältnis bei Kleinanzeigen – meist als Chiffreanzeigen – mit geringem Aussagewert und hohem Gehaltsangebot.

> Unsere neue Dienstleistung dringt in eine echte Marktlücke und steht vor einem absoluten Boom. Profitieren Sie mit an dieser expansiven Entwicklung! Ihre realistische Verdienstmöglichkeit beträgt nach der Aufbauphase
>
> **monatlich 14 000 Euro und mehr!**
>
> Sie können neben Ihren jetzigen Aktivitäten starten.
> Wenn Sie Vertriebserfahrung haben, dann rufen Sie uns an

Aus dem Vergleich verschiedener Stellenangebote für vergleichbare Positionen gewinnen Sie einen Blick, welches Format und welche Aufmachung für dieses Stellenangebot üblich und angemessen ist und welche Anzeige „aus dem Rahmen fällt“.

Wenn Sie den Eindruck gewinnen, dass eine ganzseitige Stellenanzeige mit einem Kostenaufwand von zigtausend Euro eher von der Abteilung für Öffentlichkeitsarbeit als von der Personalabteilung des Unternehmens aufgegeben wurde, sollten Sie Ihre Erwartungen nicht zu hoch setzen.

Aufbau einer Stellenanzeige

Wir sind

(Firmenprofil) – Angaben über das Unternehmen, Branche, Größe, Art der Produkte und Dienstleistungen, Art der verarbeiteten Rohstoffe, Betriebsklima, Führungsstil, Zahl der Mitarbeiter, Bedeutung des Unternehmens etc.

Wir sind ein mittelständisches, international tätiges und marktführendes Unternehmen der Steine-Erden-Branche mit Sitz im Großraum Köln. Mit ca. 300 Mitarbeitern produzieren wir mineralische Rohstoffe, die in vielen Industriezweigen zur Herstellung z. B. von Glas, Kunststoff, Lacken und Keramik verwendet werden.

Wir haben

(Stellenprofil) – Angaben über die Stelle, den Aufgabenbereich, Stellung im Betrieb, Kompetenz, Entwicklungsmöglichkeiten, exakte Berufsbezeichnung, Aufgabenbeschreibung, evtl. noch die Ausschreibungsgründe etc.

Innerhalb unseres umfangreichen und modern organisierten Bereiches „Finanz- und Rechnungswesen“ suchen wir zum baldmöglichsten Eintritt eine(n) BILANZBUCHHALTER(IN) Die Hauptaufgabe umfasst. die Bearbeitung und Abstimmung der gesamten Geschäftsbuchhaltung. Dazu gehört auch der Zahlungsverkehr (In- und Ausland), die Erstellung der monatlichen Ergebnisrechnung, die Umsatzsteuervoranmeldung und die Mitarbeit beim Jahresabschluss sowie das Mahnwesen.

Wir suchen	(Anforderungsprofil) Angaben über den gesuchten Mitarbeiter: fachliche Qualifikation, persönliche Eigenschaften, besondere Kenntnisse u. Fähigkeiten, Ausbildung u. Vorbildung, Berufserfahrung, Alter etc.	Fundierte fachliche Kenntnisse durch eine Bilanzbuchhalter-Ausbildung oder entsprechende mehrjährige Berufserfahrung sowie EDV-Anwenderkenntnisse setzen wir voraus. Wir erwarten selbständige Arbeitsweise, Zuverlässigkeit, Kooperationsfähigkeit, Flexibilität und die Bereitschaft zur Weiterbildung. Ausbaufähige Englischkenntnisse sind erforderlich.
Wir bieten	Angaben über Bezahlung, Sozialleistungen, Wohnungshilfe etc.	
Wir erbitten	Angaben über den Bewerbungsweg, telefonische Anfragen, Besuche etc.	Wenn Ihnen diese verantwortungsvolle Tätigkeit in einem zukunftsorientierten Unternehmen zusagt, bitten wir Sie, uns Ihre vollständigen Bewerbungsunterlagen zu schicken. Falls Sie eine Vorinformation wünschen, sprechen Sie Herrn Hermann Maier an (Tel...)

Firmenprofil: Firmeninformation wird Bewerbungsargument

Wir sind ein mittelständisches, international tätiges und marktführendes Unternehmen der Steine-Erden-Branche mit Sitz im Großraum Köln. Mit ca. 300 Mitarbeitern produzieren wir mineralische Rohstoffe, die in vielen Industriezweigen zur Herstellung z. B. von Glas, Kunststoff, Lacken und Keramik verwendet werden.

Diese Angaben zum Firmenprofil können Sie als mögliche Argumente für Ihre Bewerbung verwerten:

- mittelständisch, international tätig,
- Steine-Erden-Branche, Sitz Großraum Köln,
- 300 Mitarbeiter, mineralische Rohstoffe.

Fast keine Anzeige verzichtet auf diesen wichtigen Textteil. Dabei kann aus den folgenden Angaben auch auf die Branche geschlossen werden.

- **Direkte Angabe:** „Wir sind ein namhaftes Unternehmen der Textilbranche."
- **Produktangabe:** „Wir sind ein auf internationalen Märkten tätiger Hersteller von Werkzeugmaschinen."
- **Firmenzeichen:** bekannter Unternehmen.

Die Branchenangabe ist für Sie wichtig:

- zur gezielten Stellensuche bei Firmen, die auf kommenden Märkten und mit neuen Technologien arbeiten,
- zur Bewertung der wirtschaftlichen Situation einer Branche, der damit verbundenen Sicherheit und den beruflichen Chancen,
- zur Beurteilung des zuständigen Tarifes, denn tarifliche Leistungen sind in den verschiedenen Branchen unterschiedlich,
- zur Selbstbeurteilung, wenn Branchenkenntnisse „erforderlich" oder „von Vorteil" sind. Für die gezielte Stellensuche und Bewertung der beruflichen Chancen in einer so genannten Wachstumsbranche gilt, dass nachhaltiges Wachstum langfristig Arbeitsplatzsicherheit, persönliche Entwicklungschancen und überdurchschnittliche Verdienstmöglichkeiten bietet. Die Kenntnis der tariflichen Rahmenbedingungen ist vor allem für Bewerbungen bei kleineren Betrieben wichtig, wenn sie nicht tarifgebunden ist. Sie sollten wissen, was „branchenübliche" Bedingungen sind.

Tipp: Informieren Sie sich über branchenübliche Bedingungen!

Dann kann es Ihnen nicht passieren, dass ein Arbeitgeber, der nicht tarifgebunden ist, 26 Tage Jahresurlaub als besonderes Entgegenkommen anbietet, obwohl 30 Tage branchenüblich sind. Nach den gesetzlichen Bestimmungen (Bundesurlaubsgesetz) müsste er lediglich 24 Tage Jahresurlaub gewähren (siehe Kap. 3.6).

Von je 100 Arbeitnehmern haben tarifvertraglichen Anspruch auf

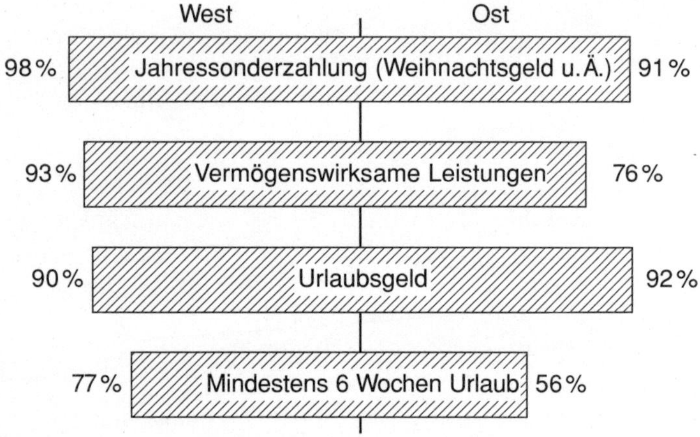

Abb.5: Tarifvertragliche Ansprüche von Arbeitnehmern

Aus dem Firmenprofil können Sie neben dem Hinweis auf Branchenkenntnisse weitere Argumente für Ihre Bewerbung herauslesen, beispielsweise, dass Sie mit den Besonderheiten eines „mittleren Unternehmens" vertraut sind. Der Hinweis auf die Firmengröße kann auch für die Beurteilung einer Tätigkeit von Bedeutung sein, denn es ist ein wesentlicher Unterschied sich als 1. Buchhalter in einem Kleinbetrieb oder in einem mittleren Unternehmen zu bewerben. Einschlägige Branchenkenntnisse sind für bestimmte Aufgabenbereiche, z. B. Einkauf, Verkauf, ein wesentliches Bewerbungsargument.

Stellenprofil: Aufgabenbeschreibung entspricht Berufserfahrung

Innerhalb unseres umfangreichen und modern organisierten Bereiches „Finanz- und Rechnungswesen" suchen wir zum baldmöglichsten Eintritt eine(n)

BILANZBUCHHALTER(IN).

Die Hauptaufgabe umfasst die Bearbeitung und Abstimmung der gesamten Geschäftsbuchhaltung. Dazu gehört auch der Zahlungsverkehr (In- und Ausland), die Erstellung der monatlichen Ergebnisrechnung, die

Umsatzsteuervoranmeldung und die Mitarbeit beim Jahresabschluss sowie das Mahnwesen.

Diese Angaben aus dem Stellenprofil können Sie als mögliche Argumente für Ihre Bewerbung verwerten:
- BILANZBUCHHALTER, Bearbeitung und Abstimmung der Geschäftsbuchhaltung,
- Zahlungsverkehr In- und Ausland, monatl. Ergebnisrechnung,
- Umsatzsteuervoranmeldung, Jahresabschluss und Mahnwesen.

Je klarer, informativer und zielgerichteter eine Position beschrieben ist, umso genauer können Sie sich als Bewerber ein Bild machen von:
- der Aufgabenstellung,
- dem Zuständigkeitsbereich,
- der organisatorischen Eingliederung,
- den Entwicklungschancen etc.

Häufig jedoch ist die Aufgabenbeschreibung wenig aussagefähig und die Positionsbezeichnung nichts sagend. Bewerber mit ausreichender Berufserfahrung müssen auch bei ungenügender Aufgabenbeschreibung beurteilen können, welche Aufgaben sie erwarten und ob sie entsprechend qualifiziert sind.

Tipp: Entwickeln Sie Ihre Bewerbung vom Stellenangebot her!

Von der angebotenen Position/Aufgabe müssen Sie sich ein klares Bild machen. Nur so können Sie den Erwartungen des Stellenanbieters entsprechend argumentieren. Sie beweisen damit auch Ihre Kompetenz, weil Sie deutlich machen können, was an diesem Arbeitsplatz „läuft".

Anforderungsprofil: Arbeitgebererwartung wird Bewerberprofil

Fundierte fachliche Kenntnisse durch eine Bilanzbuchhalter-Ausbildung oder entsprechende mehrjährige Berufserfahrung sowie EDV-Anwenderkenntnisse setzen wir voraus. Wir erwarten selbständige Arbeitsweise, Zuverlässigkeit, Kooperationsfähigkeit, Flexibilität und die Bereitschaft zur Weiterbildung. Ausbaufähige Englischkenntnisse sind erforderlich.

Diese Qualifikationsangaben aus dem Anforderungsprofil können Sie als mögliche Argumente für Ihre Bewerbung verwerten:

Fachliche Anforderung

- fundierte fachliche Kenntnisse
- Bilanzbuchhalter-Ausbildung
- mehrjährige Berufserfahrung
- EDV-Anwenderkenntnisse
- Englischkenntnisse

Persönliche Anforderung

- selbständige Arbeitsweise
- Zuverlässigkeit
- Kooperationsbereitschaft
- Flexibilität
- Bereitschaft zur Weiterbildung.

Das Anforderungsprofil kann Ihnen zur Überprüfung des Stellenprofils dienen, um Über- oder Unterqualifizierung zu erkennen bzw. herauszufinden, ob die Stelle überhaupt interessant für Sie ist. Schreiben Sie sich hierfür die einzelnen Angaben der Anzeige stichwortartig auf. Dabei sollte die Gleichung **„Positionsbeschreibung entspricht Anforderungsprofil“** stimmen!

Es ist wichtig, dass Sie auch aus dem Anforderungsprofil überzeugende Argumente für Ihre Bewerbung gewinnen. Widmen Sie den persönlichen Qualifikationsmerkmalen Ihre Aufmerksamkeit. Darin kommt die Erwartung des Arbeitgebers in besonderer Weise zum Ausdruck, und Sie können seinem Bild vom neuen Mitarbeiter am ehesten entsprechen, wenn Sie einzelne Qualifikationsmerkmale bereits im Bewerbungsschreiben aufgreifen.

Tipp: Argumentieren Sie bei Persönlichkeitsmerkmalen indirekt!

Bezeichnen Sie sich selbst aber nicht als Organisationstalent, sondern argumentieren Sie indirekt, z. B.:

„Meine organisatorischen Fähigkeiten konnte ich bei ... unter Beweis stellen.“

Oder:

„Durch die häufige Abwesenheit meines Vorgesetzten bin ich an selbständiges Arbeiten gewöhnt."

Auch hier behaupten Sie nicht einfach von sich, dass Sie selbständig arbeiten, sondern es sind die besonderen Bedingungen, die für Sie diesen Arbeitsstil selbstverständlich machen (siehe auch Kap. 3.4). Eine indirekte Selbstcharakteristik mit persönlichen Qualifikationsmerkmalen zeigt Ihre positive Selbsteinschätzung und beweist, dass Sie dem gewünschten Persönlichkeitsbild des neuen Mitarbeiters entsprechen. Die Erwartungen der Betriebe insbesondere hinsichtlich der Berufserfahrung sind hoch, und im Anforderungsprofil wird meist der ideale Mitarbeiter beschrieben – den aber gibt es in den seltensten Fällen.

Für den Berufsanfänger ist es oft entscheidend, glaubhaft zu machen, dass er aufgrund seines Studienschwerpunktes oder durch Felduntersuchungen, durch Betriebspraktika/Ferienjobs oder Praxistraining in Übungsfirmen berufsvergleichbare Erfahrungen sammeln konnte und sich problemlos einarbeiten kann. Wenn Sie so argumentieren, müssen Sie auch als Berufsanfänger nicht unbedingt ohne Berufserfahrung sein. Es ist auch nicht erforderlich, dass Sie alle Kriterien in einem Stellenangebot erfüllen.

Wichtig ist, dass Sie die Zielrichtung und den Tenor der Anzeige richtig einschätzen und mit Ihrem Eigenprofil abgleichen. Verwenden Sie hierfür das Arbeitsblatt: **Anzeigenanalyse** im Anhang.

Wenn Sie von zehn angegebenen Kriterien sechs oder sieben erfüllen, haben Sie gute Chancen. Allerdings müssen Sie die Schlüsselkriterien erfüllen.

Bei der Beurteilung der Anforderungen im Stellenangebot achten Sie auf den Unterschied von Muss- und Wunschkriterien, die Sie an den Formulierungen erkennen können und bauen Sie darauf argumentativ Ihre Bewerbung auf.

Muss- und Wunschkriterien in Personalanzeigen

Muss
- setzen wir voraus
- sind unabdingbar
- unbedingt erforderlich, unerlässlich
- Bedingung ist
- Sie besitzen
- Wir erwarten unbedingt
- dürfen für Sie kein Problem sein
- Sie verfügen über ...
- Zwingend erforderlich sind...

Wunsch
- wir stellen uns vor
- wäre wünschenswert
- wäre von Vorteil
- Erste Erfahrung in ...
- Geben auch Berufsanfängern eine Chance
- Möglichkeit zur Einarbeitung
- wäre hilfreich, sinnvoll
- Idealerweise haben Sie ...

Ortsangabe – Prüfstein für die Mobilität

Für Berufsanfänger und qualifiziertes Fach- und Führungspersonal wird Mobilitätsbereitschaft vorausgesetzt, und die Versetzungsmöglichkeit ist im Arbeitsvertrag meist enthalten. Mit einer „Fangfrage" („Würden Sie auch in Castrop-Rauxel für uns arbeiten?") wird gelegentlich die Mobilitätsbereitschaft vor allem karrierebewusster Nachwuchskräfte überprüft. In Vorgesprächen oder bei Einstellungsverhandlungen sollten Sie deshalb nicht auf einen bestimmten Einsatzort/-region bestehen. Geben Sie einen weniger attraktiven Einsatzort nicht als Ablehnungsgrund an, und bedenken Sie schon vorher, dass der Firmensitz nicht immer gleich der Ort Ihres neuen Arbeitsplatzes sein muss.

Für Bewerber mit Familie können Lebenshaltungskosten, Mietniveau, Schulangebot wichtige Vorüberlegungen sein, ob ein Stellenangebot an einem bestimmten Ort überhaupt interessant ist. Dies gilt ganz besonders, wenn für den berufstätigen Ehepartner z. B. bei einem Auslandseinsatz keine Beschäftigungsmöglichkeit am neuen Arbeitsort erwartet werden kann. Die Bereitschaft eines Bewerbers, auch an einem weniger attraktiven Ort zu arbeiten, ist ein wichtiges Bewertungskriterium für den Arbeitgeber bzw. wird schlichtweg vorausgesetzt.

Nur ein gutes Drittel der Arbeitslosen ist zu einem Wechsel des Wohnortes für einen neuen Arbeitsplatz bereit, ergab eine Infratest-

Umfrage und 54 Prozent der Befragten lehnen mehrstündige Fahrten zum Arbeitsplatz ab.

Über 70 Prozent gaben bei einer Umfrage des Internetportals. www.stellenanzeigen.de an, dass Sie nicht nach Stellenangeboten von Firmen schauen, die mehr als 60 Kilometer vom Wohnort entfernt sind.

Mit einer hohen Mobilitätsbereitschaft haben Sie gute Chancen gegenüber Mitbewerbern.

Die Chiffreanzeige: Anonymität schafft Misstrauen

Aus betrieblicher Sicht kann das anonyme Stellenangebot notwendig sein, sodass ohne die Chiffreanzeige manches Stellenangebot nicht möglich wäre. Vor allem Freiberufler wie Ärzte, Architekten oder Rechtsanwälte nutzen diese Werbemöglichkeit auf dem örtlichen und regionalen Arbeitsmarkt. Zudem schränken berufsständische Auflagen, wie das Werbeverbot, eine offene Stellenausschreibung bei Freiberuflern ein. Bei der inhaltlichen Gestaltung von Chiffreanzeigen geben sich seriöse Arbeitgeber erkennbar Mühe zu aussagefähigen Informationen. Zum Teil ist darin mit der Bitte um Verständnis für diese Form des Stellenangebotes eine Vertrauenswerbung enthalten. Die Bedeutung der Chiffreanzeige wird jedoch mit zunehmender Beauftragung von Personalberatern geringer (siehe Kap. 1.6).

Tipp: Öffnen Sie sich auch dem anonymen Stellenmarkt!

Trotzdem sollten Sie auch auf anonyme Anzeigen achten und sich diesem Stellenmarkt nicht von vornherein verschließen. Überprüfen Sie jedoch die Stellenangebote noch sorgfältiger. Wenn die Anzeige fünf bis sechs verwertbare Angaben enthält und Ihnen der Anbieter seriös erscheint, kann eine Bewerbung lohnend sein – zumal Sie wegen des Misstrauens gegenüber Chiffreanzeigen mit weniger Mitbewerbern rechnen dürfen.

Die psychologische Wirkung der Stellenanzeige

Hinter Stellenanzeigen stehen die gleichen Absichten wie hinter anderen Werbeanzeigen: es soll ein möglichst positives Bild vom Anbieter und ein attraktiv erscheinendes Angebot vermittelt werden. Dabei werden Sie als Bewerber in Ihrer positiven Selbsteinschätzung und Aufstiegserwartung angesprochen.

Die positive Wirkung einer Anzeige wird dabei erzielt oder erhöht durch:

- die Größe und Aufmachung,
- die Schlagzeile,
- die direkte Ansprache,
- die Attraktivität der Stelle und die Aufstiegsmöglichkeit,
- die positive Zukunftserwartung,
- die Attraktivität der Produkte, Technologien und Dienstleistungen,
- das verlockende Gehaltsangebot,
- den fortschrittlichen Führungsstil.

Behalten Sie einen kühlen Kopf und lesen Sie, was tatsächlich in der Anzeige für Ihre Bewerbung verwertbar ist. Wenn in einem Stellenangebot nicht mindestens acht bis zehn verwertbare Angaben zur Aufgabenstellung, zum Anforderungsprofil und zur Firma/Branche stehen, ist es wenig aussagefähig! Den Anzeigentext von inhaltsvollen Stellenangeboten sollen Sie wörtlich nehmen, um sich und der Personalabteilung eine unnötige Bewerbung zu ersparen.

Bei Einstellgesprächen und im Personalfragebogen werden Sie nämlich gefragt, ob Sie sich schon einmal beworben haben. Wenn Sie sich dann in letzter Zeit innerhalb des gleichen Unternehmens auf eine Stelle beworben haben, für die Sie wirklich nicht qualifiziert waren, kann dies Ihre Chancen für die neuerliche und für zukünftige Bewerbungen verringern.

So schätzen Sie eine Stellenanzeige richtig ein:

(1) Beobachten und analysieren Sie den Stellenmarkt regelmäßig!
(2) Suchen Sie gezielt nach Stellenangeboten im Internet!
(3) Lesen Sie die Stellenanzeigen vom ersten bis zum letzten Wort!
(4) Schreiben Sie sich stichwortartig die wichtigsten Angaben heraus!

(5) Prüfen Sie, ob Sie aus dem Firmenprofil, Stellenprofil und Anforderungsprofil mindestens sechs bis acht Argumente für Ihre Bewerbung gewinnen können!
(6) Prüfen Sie, ob Sie die genannten persönlichen Eigenschaften besitzen und dem Persönlichkeitsbild entsprechen/entsprechen möchten!
(7) Prüfen Sie, ob die Formulierungen der Stellenanzeige aussagefähig und ernst zu nehmen sind!
(8) Verwerten Sie Muss- und Wunschkriterien argumentativ!
(9) Nehmen Sie bei seriösen und aussagefähigen Anzeigen den Text wörtlich!
(10) Machen Sie sich ein umfassendes Bild von der angebotenen Stelle!
(11) Prüfen Sie auch seriöse und aussagefähige Chiffreanzeigen!
(12) Entwickeln Sie Ihre Bewerbung vom Stellenangebot her!

1.4 Wie Sie ein Stellengesuch gestalten

Manche halten es für eine nutzlose Geldausgabe, andere erhoffen sich interessante Stellenangebote. Ein Inserat in eigener Sache sollte eine begleitende Maßnahme zu anderen Aktivitäten auf der Suche nach einem neuen Arbeitsplatz sein. Ein Stellengesuch – ob konventionell als Chiffreanzeige oder virtuell im Internet – verbessert Ihre Chancen, weil viele Unternehmen bei der Suche nach geeigneten Mitarbeitern nicht sofort ein Stellenangebot aufgeben. Häufig wird erst nach der Suche im eigenen Unternehmen (interne Stellenausschreibung) und nach dem Studium der Stellengesuche eine Personalanzeige aufgegeben.

Tipp: Zeigen Sie Eigeninitiative durch ein Stellengesuch!

Eigenwerbung zeichnet Sie aus, weil Sie sichtbar und deutlich etwas investieren und weil Sie aktiv Ihre Stellensuche betreiben. Jedenfalls warten Sie nicht einfach ab, bis Ihnen ein passendes Stellenangebot auf den Tisch kommt. Das wissen Personalchefs zu schätzen! Vor allem Bewerber, die Schwierigkeiten bei der Stellensuche haben, können bei einer entsprechenden Frage auf ihre Eigeninitiative verweisen – auch gegenüber dem Fallmanager der örtlichen Arbeitsagentur –, um ihren Arbeitswillen nachhaltig glaubhaft zu machen.

Eigenwerbung zahlt sich aus

Schließlich ist es auch eine Einstellungsfrage, ob Sie für einen 40 000-Euro-Job 200 bis 250 Euro für eine Anzeige investieren wollen.

Bei der Gestaltung des Stellengesuchs ist die AIDA-Formel hilfreich

A = Attention (**A**ufmerksamkeit) Die Anzeige muss die Aufmerksamkeit erregen	**durch** • Aufmachung und Größe • Schlagzeile
I = Interest (**I**nteresse) Die Anzeige muss das Interesse beim Leser wecken	**durch** • Schlagzeile • Inhalt
D = Desire (**D**rang, Wunsch) Die Anzeige muss im Leser den Drang verstärken zu erfahren, wer hinter der Anzeige steckt	**durch** • Inhalt • Zielgerichtetheit • Aussagefähigkeit
A = Action (**A**ktion, Handlung) Die Anzeige muss den Leser veranlassen, aktiv zu werden und zu antworten	**durch** • Aussagefähigkeit • Schlüssigkeit • Kontaktmöglichkeit

Im Übrigen sind die Anzeigenkosten steuerlich voll abzugsfähig, wie überhaupt alle Bewerbungs- und Beratungskosten im Zusammenhang mit der Stellensuche als Werbungskosten anerkannt werden. Das Stellengesuch ist zudem ein geeignetes Instrument zur Marktforschung in eigener Sache. Aufgrund der Zuschriften können Sie ersehen, für welche Firmen und Wirtschaftszweige Sie interessant sind, und daran Ihre Stellensuche und Berufsplanung orientieren. Dies erlaubt Ihnen auch eine realistische Beurteilung Ihrer beruflichen Möglichkeiten.

Stellengesuch

Zahlungsverkehr weltweit

Ich bin Bilanzbuchhalter, 35, verh., örtlich ungebunden, in ungekündigter Stellung mit langjähriger Berufserfahrung, Englisch sicher in Wort und Schrift.

Neben Geschäftsbuchhaltung, monatl. Erfolgsrechnung und Jahresabschluss, verantworte ich einen umfangreichen Zahlungsverkehr für Aus-

landsprojekte und suche eine Führungsaufgabe in der finanziellen Abwicklung der Auslandsgeschäfte bei einem mittelständischen Unternehmen oder einer Konzerntochtergesellschaft.
Zuschriften unter...

Bei einem Stellengesuch können Sie mit etwa fünf Rückmeldungen rechnen. Damit ist ein Eigeninserat durchaus erfolgversprechend. Zudem können Sie mit Anfragen von privaten Arbeitsvermittlern rechnen, die ihre Dateien aufbauen und ergänzen wollen. Bewerber, die durch eine lange Kündigungsfrist in ihrer Mobilität eingeschränkt sind, können mit einem Stellengesuch längerfristig einen Wechsel vorbereiten und damit ihre vertragliche Bindung umgehen.

Wer Neugier weckt, hat halb gewonnen

Um in der Anzeigengröße, der Aufmachung und Gestaltung das richtige Maß zu finden, orientieren Sie sich am besten bei Mitbewerbern! Sie finden gute Anzeigen in der Mittwochsausgabe der FAZ, im Anzeigenteil für Stellengesuche. Hier suchen auch Personal- und Werbeprofis eine neue Aufgabe, und von Ihnen können Sie lernen. Der Aufwand für die Anzeige sollte der gesuchten Stelle entsprechen; sie sollte aussagefähig und zielgerichtet sein. Liefern Sie dem möglichen Interessenten vier bis fünf Argumente, auf die er Sie ansprechen kann. Mit der Formulierung des Textes gilt es, schlagartig das Interesse des Lesers zu wecken. Rücken Sie deshalb Ihre besonderen Kenntnisse und Fähigkeiten in den Vordergrund – akademische Titel oder staatliche Examen allein werden kaum einen Personalleiter neugierig machen.

Folgende Faktoren überzeugen den Leser und aktivieren ihn zum Handeln:

- Herausstellung von Arbeitgeber-Erwartungen,
- Darstellung des Nutzens Ihrer möglichen Mitarbeit,
- spezifische und konkrete Angaben,
- interessante und wichtige Tatsachen und Aspekte,
- glaubhafte und eindrucksvolle Aussagen.

Verwenden Sie für die Erstellung einer Eigenanzeige das Arbeitsblatt: **Stellengesuch** im Anhang. Der Hinweis, dass Sie in ungekündigter Stellung sind, erhöht Ihre Einstellungschancen erheblich. Sie sollten in jedem Fall darauf hinweisen, wenn Sie sich aus einer gesicherten Position heraus beruflich verändern wollen.

Tipp: Nutzen Sie das Stellengesuch zur Entwicklung Ihres Eigenprofils!

Auch wenn Sie letztlich kein Stellengesuch aufgeben, so kann Ihnen dessen Erstellung helfen, Ihr Eigenprofil bzw. Ihr Angebotsprofil zu entwickeln. Möglicherweise werden Sie feststellen, dass es gar nicht so leicht ist, sich selbst ins rechte Licht zu rücken, und sich darüber klar zu werden, welchen Aufgabenbereich man eigentlich anstrebt. Initiative und Selbstpräsentation sind wichtige Voraussetzungen, wenn Sie sich beruflich verändern wollen.

Stellengesuch und Bewerberdatenbank

Wenn Sie sich dazu entschließen, ein Stellengesuch bei einem Online-Jobvermittler aufzugeben, benötigen Sie vor allem viel Zeit. Denn die Eingabe der Informationen ist umso zeitaufwendiger, je mehr Masken ausgefüllt werden müssen. Was Ihre Zeit beansprucht, macht die Datenbank aber umso aussagekräftiger für die Personalabteilungen.

Auch in der Online-Jobbörse haben Sie die Möglichkeit, ein eigenes Bewerbungsschreiben zu erstellen. Mit diesem Tool ist eine persönliche Ansprache an den potentiellen Arbeitgeber möglich und Sie können Ihre Fähigkeiten adressatenbewusst zusammenfassen und Stärken sowie Wünsche erläutern. Manchmal ist der Platz für das Anschreiben jedoch begrenzt, sodass Sie sich ziemlich kurz fassen müssen.

In Online-Jobbörsen sind in der Regel Ihre persönlichen Daten wie Name und Adresse dem Unternehmen nicht zugänglich. Teilweise muss die Anonymisierung des Online-Stellengesuchs jedoch ausdrücklich angegeben werden.

Vermeiden Sie Urlaubszeiten und die Feiertage zum Jahreswechsel für die Aufgabe eines Stellengesuches. Die Chance, dass zu diesen Zeiten jemand Ihr Angebot liest, ist relativ gering. Wenn Sie eine bestimmte Zielgruppe erreichen wollen, ist eine Spezial-Jobbörse die bessere Adresse. Überprüfen Sie, ob in dieser Jobbörse auch die für Sie interessanten Unternehmen inserieren, dann liegen Sie richtig.

Jobbörsen bieten Ihnen den Service, dass Sie sich per E-Mail über eingegangene Angebote informieren können. Kommen keine Angebote, so heißt dies jedoch nicht, dass sich kein Unternehmen für Ihr Angebot interessiert hätte. Bei Zugriff auf ein eigenes „Postfach" können Sie sich darüber informieren, ob und wie oft Ihr Stellengesuch aufgerufen wurde.

So gestalten Sie ein Stellengesuch wirkungsvoll:

(1) Nutzen Sie die Erstellung eines Stellengesuches zur Klärung Ihrer Qualifikation und Motivation – auch wenn Sie kein Gesuch in der Zeitung oder Stellenbörse aufgeben wollen!

(2) Machen Sie deutlich, was Sie wollen und können! Ihre Qualifikation, Tätigkeit und Stellung sowie die gewünschte Aufgabe und Position müssen aus Ihrem Stellengesuch hervorgehen!

(3) Sprechen Sie zielgerichtet die Branche, Position oder eine interessante Qualifikation in der Schlagzeile an!
Die Schlagzeile ist für den ersten Eindruck Ihrer Anzeige entscheidend – sie soll auffallen und aussagefähig sein!

(4) Wählen Sie adressatenbewusst die Jobbörse aus!

(5) Stecken Sie keine zu engen Grenzen!
Vermeiden Sie eine zu starke Einschränkung möglicher Einsatzgebiete (Mobilitätsbereitschaft!) oder Aufgabenbereiche und Branchen!

(6) Wählen Sie eine Ihrer Qualifikation und der gesuchten Aufgabe angemessene Anzeigengröße – in der Regel zweispaltig!
Weder Briefmarken- noch PR-Anzeigenformat!

(7) Schreiben Sie sachlich und aussagefähig in kurzen und prägnanten Sätzen!

(8) Muten Sie dem Leser nicht zu, sich in einem Kürzelchinesisch zurechtzufinden! Vermeiden Sie spezielle Branchenausdrücke, wenn Sie über Branchengrenzen hinweg auf sich aufmerksam machen wollen!

(9) Lernen Sie von anderen – indem Sie Eigeninserate anderer Bewerber lesen und sich überlegen, wie Sie Ihr Stellengesuch vorteilhaft herausheben können!

1.5 Was Sie von der Arbeitsagentur erwarten können

Nach dem Prinzip „Fördern und Fordern" sollte das neue „Job-Aqtiv-Gesetz" (**A**ktivieren, **Q**ualifizieren, **T**rainieren, **I**nvestieren, **V**ermitteln), das zum 1. 1. 2002 in Kraft getreten ist, den Anreiz zur Arbeit erhöhen und Arbeitslose bei der Stellensuche individueller unterstützen. Nach dem Motto „Keine Leistung ohne Gegenleistung" setzt die Bundesagentur für Arbeit auf mehr Eigeninitiative und hat die Zumutbarkeitsregelung für die Annahme angebotener Arbeitsplätze verschärft. Dies geschieht mit modernen Personalinstrumenten wie

- dem **Profiling**, einer durch eingehende Analyse der Berufslaufbahn und durch Tests gesicherten Feststellung der fachlichen Qualifikation und sozialen Kompetenz des Arbeitsuchenden,
- dem **Assessmentverfahren** zur Feststellung der beruflichen Tätigkeit, für die der Arbeitslose geeignet erscheint,
- der **Eingliederungsvereinbarung** mit verpflichtenden Aktivitäten sowohl für den Arbeitsberater als auch für den Arbeitslosen.

Auch die Jobbörse der Bundesagentur wurde nach erheblichen Anlaufschwierigkeiten überarbeitet. Jetzt können Arbeitgeber direkt Einblick in die kompletten Bewerbungsmappen interessanter Kandidaten nehmen. Immer mehr Unternehmen fragen die Datenbank der Arbeitsagentur auf der Suche nach neuen Mitarbeitern ab.

Vermitteln

Bei knapp 5 Millionen Stellensuchenden besteht für die Arbeitsagenturen ein großer und dauerhafter Vermittlungsauftrag, der mit der flächendeckenden Einrichtung von „Personal-Service-Agenturen" (PSA) erfüllt werden sollte. Über diese privaten Agenturen werden Arbeitslose befristet ausgeliehen, mit dem Ziel, einer Übernahme in eine Dauerbeschäftigung. Sie sind das Kernstück der Hartz-Reform.

Das Ergebnis der wissenschaftlichen Evaluierung dieser Vermittlungsmaßnahme zeigt jedoch, dass der Einsatz in einer PSA die Arbeitslosigkeit der Stellensuchenden eher verlängert.

Aus einem Bericht des Bundesrechnungshofes geht hervor, dass nur fünf Prozent der Vermittlungen durch Arbeitsagenturen erfolgreich sind.

Mit der Verbesserung der Serviceleistungen sollen die staatlichen Jobvermittler mindestens 20 Prozent ihrer Arbeitszeit den Arbeitgebern widmen für Stellenakquise und Bewerbervermittlung. Auch die Beratung der Arbeitsuchenden soll weiter intensiviert werden.

Mit den geschaffenen Vermittlungsteams will die Arbeitsverwaltung effizienter am Arbeitsmarkt operieren. Durch die Integration der Fachvermittlungsdienste für Akademiker (FVD) in örtliche Arbeitsagenturen sollen durch sog. Hochschulteams die Studenten an den Universitäten früher erreicht und besser auf den Übergang zum Arbeitsmarkt vorbereitet werden, u. a. mit Bewerbungstraining, Vortragsreihen und der Vermittlung von Praktika. An Hochschulorten sind die neuen Arbeitsgruppen an die Stelle der Fachvermittlungsdienste getreten.

Sollte der Arbeitslose mit den Vermittlungsbemühungen seines Arbeitsamtsbetreuers nach einem halben Jahr nicht zufrieden sein, so hat er das Recht, einen privaten Dritten wie z. B. einen Bewerberberater oder einen privaten Vermittlungsdienst einzuschalten. Vom Arbeitsamt erhält er dafür einen Vermittlungsschein von 1500 bis 2500 Euro.

Solange es jedoch jedem Arbeitgeber überlassen bleibt, ob er frei gewordene Stellen der Arbeitsagentur meldet, haben die Arbeitsvermittler nur von einer geringen Zahl offener Stellen hinreichende Informationen für die Beratung und Vermittlung, obwohl die Unternehmen nach neuester Rechtsprechung den Arbeitsagenturen auch Arbeitsplätze anbieten können, deren Entlohnung bis zu 30 Prozent unter dem Tariflohn liegt.

Ein weiterer Grund für die relativ geringe Erfolgsquote der Arbeitsagenturen liegt in der Professionalisierung der Personalauslese und -beschaffung durch den Einsatz von Personalberatern (siehe Kap. 1.6). Nachwuchskräfte und qualifiziertes Fachpersonal können deshalb nicht allein auf die Vermittlung durch die Arbeitsagentur vertrauen. Als zusätzliche Hilfe für eine aktive Bewerbungsstrategie sollten Sie jedoch die Dienste der Bundesagentur nutzen.

Über die Arbeitsmarktinformationsstelle der ZAV, Postfach 170545, 60079 Frankfurt können Sie sich zusätzliche Informationen, z. B. über Arbeitsmöglichkeiten im Ausland, beschaffen.

In der internationalen Arbeitsvermittlung konnte die ZAV ihre Erfolgsquote deutlich verbessern und behauptet sich im Wettbewerb mit den Personalberatungsunternehmen. Dabei vermittelt die ZAV Jobs für Abiturienten im Ausland ebenso wie Fach- und Führungskräfte in internationale Positionen. Vorrangige Zielländer sind die Mitgliedsstaaten der EU und die USA.

Beraten

Bei Ihrer Stellensuche sollten Sie die kostenlose Beratung nutzen, die sich aus dem Gespräch mit dem Arbeitsvermittler ergeben kann. Dies gilt insbesondere für Berufsanfänger und für den Wiedereinstieg von Frauen nach der Familienphase. Natürlich hängt der Nutzen dieser Beratung von der fachlichen Kompetenz und dem menschlichen Verständnis Ihres Gesprächspartners ab. Doch auch Sie können durch Offenheit und der Klärung Ihrer beruflichen Vorstellungen zum Erfolg beitragen. Die professionellen Berater der Arbeitsagenturen und Fachvermittlungsdienste sind besser als ihr Ruf. Nutzen Sie daher die Dienstleistung dieser Spezialisten oder schlagen Sie Ihrem Vermittler einen externen Berater Ihres Vertrauens vor.

Fördern

Zum 1. Januar 2003 wurde im Rahmen der Hartz-Reform die Förderung der Weiterbildung auf Bildungsgutscheine umgestellt.

Die Agentur für Arbeit unterstützt Ihr berufliches Fortkommen durch die Übernahme von Kursgebühren und durch Zahlungen von Unterhaltsgeld bei so genannten Vollzeitmaßnahmen. Erfüllen Sie die in einem Stellenangebot geforderten Voraussetzungen nicht, obwohl sie – wie z. B. EDV-Kenntnisse – üblich geworden sind, fragen Sie Ihren Arbeitsberater nach Förderungsmöglichkeiten und machen Sie selbst Vorschläge für Ihre Weiterbildung mit der Datenbank „Kurs“ der Bundesagentur.

Wenn Ihnen Berufserfahrung fehlt oder wenn Sie nach einer längeren Pause wieder in den Beruf zurückkehren wollen, kann Ihr

Arbeitgeber in der Einarbeitungsphase einen Zuschuss erhalten, damit Sie sich bewähren können. Auch die Einweisung in eine Arbeitsbeschaffungsmaßnahme (ABM) mit einem meist auf ein Jahr befristeten Arbeitsvertrag kann für den beruflichen Neubeginn hilfreich sein.

Mit dem Nachweis berufsadäquater Erfahrungen aus der Tätigkeit in einer Übungsfirma oder im Rahmen einer ABM können Sie Bedenken wegen mangelnder Berufserfahrung zerstreuen, wenn Sie angeben können, welche Aufgaben und Vorgänge Sie unter Nutzung moderner Arbeitsmittel bearbeitet haben.

Über die Stellenvermittlung hinaus kann das Gespräch mit dem Arbeitsberater über Förderungsmöglichkeiten für Ihre Stellensuche und Laufbahnplanung hilfreich sein, denn besonders kleinere Betriebe erwarten, dass die Bewerber beruflich qualifiziert sind, um Einarbeitungskosten und berufliche Anpassungsschwierigkeiten zu verringern. Neben der Vermittlung ist die Qualifizierung von Stellensuchenden eine der wichtigsten Aufgaben der Arbeitsagenturen.

Finanzieren

Als finanzielle Hilfe bei Bewerbungen können die Arbeitsagenturen Kosten von jährlich bis zu 260 Euro für die Erstellung der Bewerbungsunterlagen sowie Reisekosten übernehmen, denn häufig müssen Bewerber auf eigene Rechnung zu Vorstellungsgesprächen anreisen. Informieren Sie sich evtl. über Zuschussmöglichkeiten, die der Arbeitgeber erhalten kann, wie z. B. Einarbeitungszuschüsse. Damit haben Sie ein mögliches Argument, das für den Arbeitgeber nicht uninteressant sein wird. Ein Darlehen von bis zu 50 000 Euro erhalten Unternehmer für jeden neu geschaffenen Arbeitsplatz und Existenzgründern schießen die örtlichen Arbeitsagenturen für die ersten zwei Mitarbeiter 50 Prozent der Bruttolohnkosten zu – bis zu 6 Monate lang.

Wenn der Arbeitgeber einen Lohnkostenzuschuss erhält, oder die Arbeitsagentur im Rahmen eines Eingliederungsvertrages das Risiko für Ausfallzeiten übernimmt, so ist dies durchaus ein finanzieller Anreiz, Arbeitslosen eine berufliche Chance zu geben. Auch wenn die Kostenersparnis zunächst mehr überzeugen sollte, als die persönliche Qualifikation, so liegt es am Bewerber, den Arbeitgeber vom Gegenteil zu überzeugen.

Der Übergang von Arbeitslosigkeit in eine selbständige Tätigkeit als Ich-AG mit einer monatlichen Förderung von bis zu 600 Euro, die zum 30. Juni 2006 ausläuft, hat sich mit über 230 000 Neugründungen als außerordentlich erfolgreich erwiesen.

Von der Übernahme der Bewerbungskosten bis zur Existenzgründung bieten die örtlichen Arbeitsagenturen eine Reihe von finanziellen Hilfen, die Sie nutzen können. Nähere Informationen finden Sie unter der Internetadresse der Bundesagentur für Arbeit.

Wie immer Ihre bisherigen Erfahrungen mit der Arbeitsverwaltung gewesen sein mögen – die sich ändernde Aufgabenstellung und das neue Dienstleistungsverständnis der Arbeitsagenturen könnten auch eine Veränderung Ihrer Erwartungen zur Folge haben. Mit einer positiven Einstellung und aktiver Mitarbeit motivieren Sie Ihre Gesprächspartner, die vielfältigen Möglichkeiten für Sie optimal zu nutzen.

Ihre eigenen Aktivitäten sollten jedoch Vorrang haben.

So wird der Weg zur Agentur für Arbeit für Sie lohnend:

(1) Teilen Sie der örtlichen Agentur Ihre Stellensuche oder Ihren beabsichtigten Stellenwechsel rechtzeitig mit!

(2) Suchen Sie das Gespräch mit dem Arbeitsberater insbesondere bei Schwierigkeiten bei der Stellensuche!

(3) Informieren Sie sich bei fehlender Qualifikation über Weiterbildungsmöglichkeiten!

(4) Machen Sie dem Arbeitsberater Vorschläge, wie Sie durch Weiterbildung beruflichen Anforderungen gerecht werden können!

(6) Nutzen Sie Informations- und Beratungsmöglichkeiten der Arbeitsagentur!

(7) Schlagen Sie evtl. die Hinzuziehung eines Bewerberberaters oder privaten Vermittlungsdienstes vor!

(8) Nehmen Sie die finanziellen Hilfen der Arbeitsagentur in Anspruch!

(9) Halten Sie Kontakt zu Ihrem Arbeitsvermittler und Arbeitsberater!

(10) Zeigen Sie darüber hinaus Eigeninitiative bei der Stellensuche!

1.6 Wie Sie die Dienste von Personalberatern nutzen

Mehr als 40 Prozent der Stellenangebote in überregionalen Zeitungen werden über Personalberater ausgeschrieben. Marktübersicht, Einblick in die Personalstruktur der Branche und der Konkurrenz sowie die Unabhängigkeit von innerbetrieblichen Interessen machen den Personalberater zum Profi in der Personalgewinnung und -auswahl. Personalberater vermitteln 60 Prozent aller Führungskräfte, denn Fach- und Führungspersonal sowie der Führungsnachwuchs sind die überwiegende Zielgruppe der Personalberater. Personalberater werden im Gegensatz zu gewerblichen Arbeitsvermittlern erst durch und im Auftrag eines Unternehmens tätig. Dies gilt in der Regel auch für die „Direktsuche" der „Headhunter", d.h. die direkte Ansprache von interessanten Führungskräften und Spezialisten, von denen jedoch lediglich 5 bis 10 Prozent an einer möglichen Vermittlung überhaupt interessiert sind.

Auch im Internet präsentieren sich als Online-Headhunter einzelne Personalberater mit bis zu 20 000 Besuchern monatlich auf der Karriereplattform, die neben Online-Interviews, Jobvermittlung, Beratung, Karrierebegleitung auch Diskussionsrunden als ein zeitgemäßes Headhunting und zur Karriereberatung im Internet bereitstellen.

Zudem durchforsten die Headhunter systematisch die Bewerberdatenbanken der Jobbörsen nach interessanten Kandidaten – sehr zum Unwillen der Unternehmen, wenn es zu einer Direktansprache der eigenen Mitarbeiter kommt.

Inzwischen sind jedoch auch Facharbeiter und Sekretärinnen im Fadenkreuz der so genannten Kopfjäger, die für die telefonische Abwerbung von Fachpersonal am Arbeitsplatz fünfstellige Kopfprämien kassieren.

Unter der Website **www.career-engine.de** können Sie selbst zum Headhunter werden und eine Prämie von bis zu 4500 Euro kassieren, wenn Sie Freunde oder Bekannte mit Erfolg für eine Vermittlung vorschlagen.

Mit der Freigabe des Abwerbe-Anrufs zur „ersten Kontaktaufnahme" durch das Urteil des Bundesgerichtshofes (Az: IZR 221/01) wird die Abwerbung erheblich erleichtert und der Personenkreis erweitert. Das Vermittlungshonorar liegt bei 10 bis 15 Prozent des Bruttojahresgehaltes des vermittelten Bewerbers.

Personalberater als Psychotester

Der Einsatz von Personalberatern bei der Personalbeschaffung ist auch damit begründet, dass sie den Unternehmen die heikle Arbeit der Personalauslese mit Persönlichkeitstests und oft unzulässiger Fragestellung abnehmen (siehe Kap. 3.2 und Kap. 3.3). Der innerbetrieblichen Anwendung von Psychotests stimmen Betriebsräte häufig nicht zu oder es würde das Vertrauensverhältnis zwischen Unternehmen, Belegschaft und Führungskräften belasten.

Mit dem Einsatz von Personalberatern lässt sich so das Mitbestimmungsrecht des Betriebsrates bei den Auswahlkriterien umgehen. Die Mitbestimmungsrechte des Betriebsrates bei Einstellungen können auch dadurch deutlich eingeschränkt werden, indem der Arbeitgeber dem Betriebsrat nur die Unterlagen der Bewerber vorlegen muss, die der Personalberater für geeignet vorschlägt (Bundesarbeitsgericht Az: IABR 15/90).

Private Arbeitsvermittlung als Newplacement

Wer bei der Jobsuche auf einen privaten Arbeitsvermittler baut, hat bessere Chancen als die Klienten der Bundesagentur für Arbeit, stellt das BA-eigene Institut für Arbeitsmarkt- und Berufsforschung fest.

Als Beleg dienen 60 000 Vermittlungsgutscheine, die von den Arbeitsagenturen ausgegeben wurden. Bezieher eines Vermittlungsgutscheines für einen privaten Arbeitsvermittler erreichten eine höhere Beschäftigungsquote. Der Grund ist, dass private Vermittler konsequent Beschäftigungsnischen suchen und gute Kontakte zu den Unternehmen pflegen.

Der Vermittlungserfolg wird von den Arbeitsagenturen jedoch nur honoriert, wenn der Vermittelte die halbjährige Probezeit besteht, und damit das Arbeitsverhältnis eine längere Dauer erwarten lässt.

Arbeitgeber werden die Dienste eines privaten Vermittlers nur dann für Folgeaufträge in Anspruch nehmen, wenn sie mit der Vermittlung auch zufrieden sind.

Mit einer Initiativbewerbung können Sie sich als qualifizierte Fachkraft bei Headhuntern und privaten Arbeitsvermittlern selbst ins Gespräch bringen (siehe Kap. 2.3).

Über die Internetadresse **www.cap-up.de** finden Sie Adressen und Profile von über 400 Headhuntern, die auf die Vermittlung in den verschiedensten Branchen und unterschiedlichen Unternehmensgrößen spezialisiert sind.

Private Arbeitsvermittler betätigen sich auch als Vermittlungscoaches mit umfangreichen Leistungen von der Jobrecherche im Internet bis zum individuellen Training des Vorstellungsgespräches.

Verhalten gegenüber Personalberatern/Arbeitsvermittlern

Wie sollen Sie sich verhalten, wenn ein Personalberater im Auftrag einer meist anonymen Firma Stellenangebote ausschreibt? Zunächst sollten Sie dieses Vermittlungsangebot positiv bewerten, denn

- Stellenangebote über Personalberater sind aussagefähiger beschrieben als von den meisten Personalabteilungen,
- Sie haben einen Gesprächspartner, der oft eine telefonische Vorinformation und Kontaktaufnahme anbietet,
- Sie bekommen eine kostenlose Beratung, wenn Sie sich geschickt verhalten,
- es besteht die Möglichkeit, dass Sie der Berater auf ein anderes Stellenangebot hinweist,
- wenn Sie über einen Personalberater ins Gespräch beim Arbeitgeber gebracht werden, erhalten Sie eine Rückmeldung, weshalb Ihre Bewerbung gescheitert ist,
- wenn Sie den Personalberater von Ihrer Qualifikation überzeugt haben, wird er sich weiterhin für Sie bemühen.

Tipp: Akzeptieren Sie private Vermittler als ehrliche Makler!

Beim ersten Kontakt mit dem Personalberater sollten Sie herausfinden, wie die Firma heißt und ob er bereit ist, sich für Sie einzusetzen und Sie zu beraten. Jeden telefonischen Kontakt, jedes Gespräch mit dem Personalberater sollten Sie so führen, als ob es bereits ein Vorstellungsgespräch beim potentiellen Arbeitgeber ist:

- gezielt und verständig fragen,
- sachlich und kompetent antworten,
- auf überraschende Fragen gefasst sein,
- Sympathie und Interesse für die eigene Person wecken.

Gerade Personalberater sind gegenüber einer telefonischen Anfrage oder Kontaktaufnahme sehr aufgeschlossen. Aber denken Sie daran, dass dieser erste Eindruck bereits entscheidend sein kann (siehe Kap. 2.2). Im Übrigen ist ein Telefonat eine effiziente, weil kosten- und zeitsparende Methode der Vorauswahl für ein Vorstellungsgespräch.

Durchstarten mit Outplacement

Vor allem aus finanziellen Gründen nehmen Bewerber nur zögernd die Dienste von Bewerberberatern in Anspruch. Die Kosten für die Beratung, die Sie steuerlich als Werbungskosten geltend machen können, liegen zwischen 50 Euro für eine schriftliche Bewerbungskritik oder ein Laufbahngutachten und bei über 1000 Euro für die Erarbeitung eines individuellen maßgeschneiderten Bewerbungskonzeptes mit Coaching in der neuen Position. Das Honorar von Bewerberberatern orientiert sich an der Gebührenordnung der Wirtschaftsprüfer für Beratungsleistungen.

Schlagen Sie Ihrem Vermittler bei der Arbeitsagentur zu Ihrer Unterstützung bei der Suche nach einer neuen Aufgabe einen Bewerberberater oder privaten Vermittlungsdienst vor (siehe Kap. 1.5).

So entscheiden Sie sich für eine gute Bewerberberatung:

- Der Berater sollte vorher im Personalwesen gearbeitet haben!
- Der Berater sollte bereits einige Jahre tätig sein, damit er ausreichend Erfahrungen hat!
- Eine erste Vorabinformation muss kostenlos sein!
- Der Berater muss über ein Büro verfügen!
- Die Leistungen sollten genau definiert und die Preise festgelegt sein!
- Eine Bewerberberatung sollte nicht weniger als 60 Euro und max. 100 Euro kosten!
- Der Datenschutz muss unbedingt gewährleistet sein!

Beim so genannten Outplacement übernimmt der derzeitige Arbeitgeber die Kosten für die Beratung eines Mitarbeiters bei der Suche nach einer neuen Aufgabe außerhalb des bisherigen Unternehmens.

Früher war dieses Angebot der Unternehmen auf das Topmanagement beschränkt. Heute erhalten auch tarifliche und gewerbliche Mitarbeiter eine Outplacementberatung, die individuell oder für Teile der Belegschaft als Gruppenoutplacement erfolgen kann. Laut Bundesverband Deutscher Unternehmensberater (BDU) sollen 95 Prozent aller gekündigten Arbeitnehmer spätestens nach einem Jahr wieder in Lohn und Brot stehen, wenn sie an einem Outplacementprogramm teilgenommen haben.

Das Beraterhonorar beläuft sich auf 18 bis 22 Prozent des Bruttojahreseinkommens des jeweiligen Mitarbeiters, mindestens jedoch 13 000 Euro. Etwa jede zehnte von der Firma veranlasste Trennung von Fach- und Führungskräften wird durch Berater auf Firmenkosten begleitet.

Derzeit haben sich ca. 30 Personalberatungsfirmen auf diese Dienstleistung spezialisiert. Ältere Fach- und Führungskräfte mit langjähriger Betriebszugehörigkeit sollten bei Kündigungs- und Abfindungsverhandlungen die Unterstützung durch einen Outplacement-Berater aushandeln und bei der Auswahl dieser Vertrauensperson mitentscheiden.

Tipp: Handeln Sie die Unterstützung durch Outplacement aus!

Damit steht Ihnen in einer schwierigen Berufs- und Lebenssituation ein neutraler und fachkundiger Gesprächspartner zur Seite. Gute Bewerberberater erarbeiten mit Ihnen Argumente für Ihr Bewerbungsschreiben und das Vorstellungsgespräch und drängen Ihnen keine Gesprächstechnik oder Verhaltensmuster auf. Meist bieten Bewerberberater einen umfassenden Schreibservice für die Erstellung der Unterlagen und der Bewerbungsschreiben.

Qualifizierten Bewerbern wird sogar ein Büro zur Verfügung gestellt, von dem aus sie agieren und Kontakte knüpfen können.

Mit dem Gruppen-Outplacement werden bei Massenentlassungen Mitarbeiter-Gruppen bei der Stellensuche auf vielfältige Weise unterstützt.

Der Vermittlungserfolg hängt wie bei allen Beratungsleistungen von der Erfahrung des Beraters, aber auch von der Qualifikation des Bewerbers ab.

So nutzen Sie den Einsatz von Personalberatern/Arbeitsvermittlern zu Ihrem Vorteil:

(1) Stellen Sie sich positiv auf die Vermittlung durch den Personalberater ein!

(2) Gewinnen Sie fachlich und persönlich das Interesse und die Sympathie des Personalberaters!

(3) Erfragen Sie die für Sie wichtigsten Informationen über das Stellenangebot und die Firma!

(4) Bleiben Sie bei eigenen Informationen sachlich und zurückhaltend ohne weitschweifige Geschwätzigkeit und Aufdringlichkeit!

(5) Führen Sie jedes Telefonat oder Gespräch so, als ob Sie mit dem potentiellen Arbeitgeber sprechen!

(6) Fragen Sie als Bewerber der engsten Wahl bei einer Absage nach und lassen Sie sich beraten!

(7) Verhandeln Sie bei Kündigung evtl. über die Unterstützung durch einen Outplacement-Berater!

(8) Beauftragen Sie in Absprache mit der Arbeitsagentur selbst einen privaten Arbeitsvermittler!

Kapitel 2. Die aussagefähige Bewerbung

Mehr als eine Stunde arbeiten Stellensuchende an einer Bewerbung und nicht einmal fünf Minuten nehmen sich die Personaler Zeit für die Durchsicht der Unterlagen. Dies ist das Ergebnis einer Umfrage des Klaus Resch Verlages, die auch gezeigt hat, dass über die Hälfte der Online-Bewerbungen nicht der Qualität einer schriftlichen Bewerbung entsprechen. Neben der schlechten Formatierung und zu großem Datenvolumen ist die fehlende Struktur der Unterlagen mit zu vielen einzelnen Dateien der größte Mangel.

Eine überzeugende Bewerbung lässt vermuten, dass der Bewerber andere Aufgaben ebenso gut lösen kann. Aber selbst Manager in Spitzenpositionen machen oft dieselben Fehler wie Berufsanfänger.

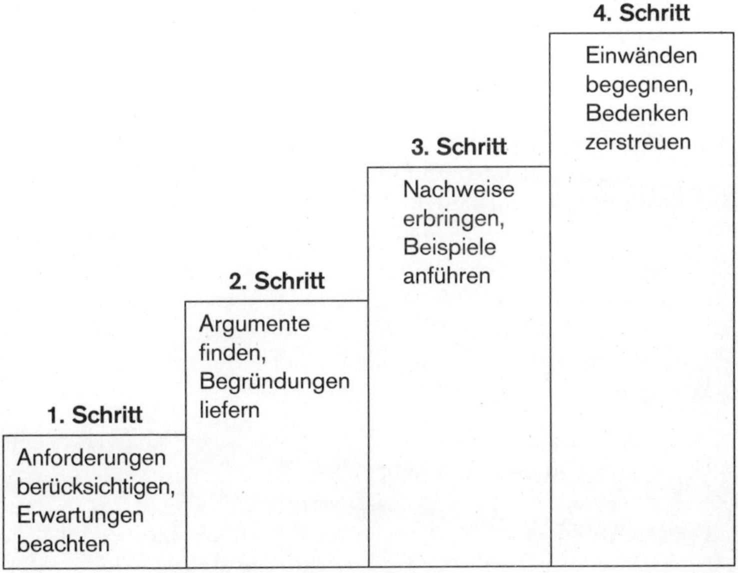

Abb.6: Vier Schritte einer proaktiven Bewertung

Für eine Bewerbung gibt es kein Patentrezept, sondern der Erfolg ergibt sich aus einer guten Vorbereitung sowie einer planvollen und systematischen Vorgehensweise.Das Konzept einer aktiven und argumentativen Bewerbung kann Ihnen dabei eine Hilfe sein.

Argumente für Ihre Bewerbung ergeben sich aus der Stellenanalyse sowie aus Ihrem Berufs- und Lebensweg, der in Zeugnissen, Tätigkeitsbeschreibungen, Referenzen etc. dokumentiert ist.

Möglicherweise müssen Sie sich mit Bedenken oder Vorurteilen des Arbeitgebers auseinander setzen und sich dafür pro-aktiv d. h. vorausschauend Gegenargumente überlegen.

So stellen Sie überzeugend dar, was für Sie spricht.

Online Bewerbung – total digital

Noch bevorzugt die Mehrzahl der Unternehmen die Bewerbung per Post. Die Online-Bewerbung über das Internet oder per E-Mail wird von Arbeitgebern oft nur als erste Kontaktaufnahme angesehen.

Doch der Trend geht zur Online-Bewerbung, wobei neben der immer benutzerfreundlicheren Software die Kosteneinsparungen von bis zu 30 Prozent bei der Personalbeschaffung für die Personalabteilungen ein wesentlicher Grund ist. Allerdings nimmt auch die Zahl der „Markttester in eigener Sache" mit hohem Spaßfaktor beim unverbindlichen Jobsurfing enorm zu.

Bei über 200 000 Bewerbungen pro Jahr nehmen Großbetriebe wie BMW zum Teil nur noch Online-Bewerbungen entgegen. Von Hochschulabsolventen akzeptiert ein Drittel der Betriebe eine Bewerbung nur noch online.

Mit der kostenlosen Software „arjob" und „arjobPro" kann das komplette Bewerbungsverfahren für Jobsuchende und einstellende Firmen unterstützt und vollständig digitalisiert werden.

@WEBTIPP: www.arjob.de

Wer eine Massen-Mail verschickt und im Bewerbungsschreiben nicht individuell auf den möglichen Arbeitgeber eingeht, verschwindet schnell von der PC-Bildfläche.

Die moderne Fax-, E-Mail- und SMS-Kommunikation verführt zu einem lockeren Schreibstil, der für eine Bewerbung jedoch völlig unangebracht ist.

Bewerber legen bei Online-Bewerbungen offensichtlich nicht dieselben Qualitätsmaßstäbe an wie für ihre postalischen Bewerbungen, wenn Formulare nur lückenhaft und mit gehäuften Rechtschreibfehlern ausgefüllt und über unseriöse oder spaßige E-Mail-adressen verschickt werden.

Beachten Sie für Online-Bewerbungen die folgenden Verhaltensregeln:

- Geben Sie Ihr Bewerberprofil nur anonym in die Datenbank einer Jobbörse ein.
- Schicken Sie eine Online-Bewerbung nur dann, wenn in der Stellenanzeige eine E-Mail-Adresse angegeben ist.
- Benutzen Sie keine geschäftliche E-Mail-Adresse. Bei GMX oder Yahoo erhalten Sie kostenlos eine private.
- Schicken Sie Ihre Bewerbung nur an eine persönliche E-Mail-Adresse und legen Sie eine Kopie in einem Dateiordner ab.
- Mailen Sie Attachments nur in den gängigen Office-Formaten und beschränken Sie die Kapazität.
- Gestalten Sie adressatenbewusst Anschreiben und Lebenslauf wie bei einer traditionellen Bewerbung.
- Fragen Sie nach – telefonisch oder per E-Mail –, wenn Sie nach zwei Wochen ohne Antwort bleiben.
- Halten Sie Ihre kompletten und aussagefähigen Unterlagen zum Nachschicken bereit.

Bewerben heißt immer Werben für die eigene Person und Qualifkation.

2.1 Wie Sie die Vorauswahl bestehen

Einem verzweifelten Personalchef, der aus über 300 Bewerbungen einen Mitarbeiter auswählen musste, soll ein renommierter Professor der Betriebswirtschaft empfohlen haben:

> „Suche dir ein langes Treppenhaus und wirf die ganzen Bewerbungen die Treppe hinunter. Diejenigen, die am weitesten rutschen, haben wirklich Gewicht!"

Als Bewerber haben Sie häufig den Eindruck, so oder ähnlich müsse das Auswahlverfahren aussehen. Jedenfalls spielen der Zufall und das Glück eine nicht zu unterschätzende Rolle. Doch wer fit in seinem Job ist, muss vor den Auswahlverfahren keine Angst haben.

Bei einer Flut von 500 und mehr Bewerbungen auf ein Stellenangebot ist eine Vorauswahl nur noch mit einem standardisierten und PC-unterstützten Verfahren möglich.

Personalentscheider haben ein gewisses Grundmuster für eine berufliche Laufbahn von Fach- und Führungskräften, das ihnen als Leitfaden dient. Dies betrifft sowohl formale als auch inhaltliche Aspekte, die individuell unterschiedlich gewichtet werden. Ist die äußere Form schon ansprechend, wird man Ihre Bewerbung positiv zur Kenntnis nehmen.

Wichtige Auswahlkriterien bei der ersten Sichtung der Unterlagen:

- Äußerer Eindruck der Bewerbung,
- Vollständigkeit der Unterlagen,
- Aussagefähigkeit des Bewerbungsschreibens,
- Verdienst in der derzeitigen Position,
- Überqualifikation des Bewerbers,
- Mangelnde Erfahrung des Bewerbers für die Position.

Das Matchingverfahren – Abgleich von Anforderungsprofil und Bewerberqualifikation

Bei der Vorauswahl werden im so genannten Matchingverfahren über den Abgleich von Stellenangeboten mit Bewerberdatenbanken die dort hinterlegten Profile abgegriffen. Das Matching, die per Computer gesteuerte Überprüfung nach bestimmten Kriterien wie Qualikation, Alter, Gehaltswunsch etc., sorgt für den schnellen Abgleich von Person und Stelle. Da nicht alle Kriterien und Profile automatisch berücksichtigt werden können, wird zudem der direkte Abgleich durch einen Vorentscheider erforderlich.

Für qualifizierte Arbeitsplätze liegen meist eine detaillierte Aufgabenbeschreibung und entsprechende Qualifikationsmerkmale vor und es werden im ersten Schritt die Bewerber ausgewählt, die diesem Profil entsprechen.

Gerade im Abgleich von Stellenprofil und Ihrem persönlichen Leistungsprofil liegt die besondere Chance für eine argumentative Bewerbung, denn eine Personalanzeige ist eine kurz gefasste Stellenbeschreibung. Greifen Sie deshalb diese Angaben in Ihrer Bewerbung argumentativ auf.

Personalauswahl über das Internet hat laut einer Umfrage der Heidelberger Meinungsforscher SVP die Erwartungen der Unternehmen nicht erfüllt. Kaum eines der Großunternehmen, die zunächst begeistert dieses Auswahlinstrument eingesetzt haben, nutzen das so genannte Internet-Assessmentcenter, da sich das vorhandene Softwareangebot als wenig effizient und aussagefähig erwiesen hat (zu Assessmentcenter siehe Kap. 3.3).

> **Tipp:** Gleichen Sie Ihr Qualifikationsprofil mit dem Anforderungsprofil der Stelle ab!

Analyse des Bewerbungsschreibens

Bei der Analyse des Bewerbungsschreibens, dem eine Schlüsselrolle zukommt, wird geachtet auf:

- den Informationsgehalt: Angaben zu Qualifikation und beruflicher Erfahrung, Darlegung des gekündigten/ungekündigten Beschäftigungsstatus, Benennung des letzten oder jetzigen Arbeitgebers, Begründung der Bewerbung und des Stellenwechsels, Gehaltsangabe,
- eventuelle Diskrepanz zwischen derzeitiger und angestrebter Position, die oft auf Fehleinschätzungen zurückzuführen ist,
- eventuelle übersteigerte Selbstdarstellung des Bewerbers, hinter der sich häufig Unsicherheit verbirgt.

(Siehe Kapitel 2.4 Bewerbungsschreiben)

Analyse des Lebenslaufes

Dabei erfolgt die Bewertung nach:

- dem zeitlichen Verlauf mit der Häufigkeit des Stellenwechsels, dem Alter des Bewerbers, der zeitlichen Folge eines Branchenwechsels und einem auf- oder absteigenden Wechsel,
- der angestrebten Tätigkeit mit Berufswechsel, Wechsel des Arbeitsgebietes, positioneller Auf- oder Abstieg,
- den früheren Arbeitgebern mit Firmengröße, Produkten, Organisation, technologischer Stand, Konkurrenz und Konkurs,

- der Berufsentwicklung mit Aufstieg, Erweiterung der Erfahrungen, Kennenlernen neuer Verfahren, Wechsel ausschließlich unter finanziellen Gesichtspunkten.
  (Siehe Kapitel 2.5 Unterlagen)

Analyse der Arbeitszeugnisse

Siehe Kap. 2.6 Arbeitszeugnis.

Prüfung von Referenzen

Es ist aufschlussreich, welche Referenzen ein Bewerber angeben kann und angibt. Wer nichts zu verbergen oder zu befürchten hat, wird ohne weiteres die letzten Arbeitgeber benennen. Wer „hoch gestellte" Persönlichkeiten angibt, will meist mit vermeintlichen Beziehungen prahlen. Bei der Besetzung von Führungspositionen sind Referenzen ein übliches Mittel zur Informationsbeschaffung. In den meisten Fällen wird man Sie – wenn überhaupt – erst im Vorstellungsgespräch danach fragen, ob Sie einige Persönlichkeiten nennen können. „Erste Adressen" sind immer frühere Chefs, und der letzte Arbeitgeber ist die beste Referenz. Ein gravierender Fehler ist es, diese Personen unvorbereitet dem Referenzanruf auszusetzen.

Tipp: Lassen Sie Andere Ihre Argumente anführen!

Wenn Sie jemanden als Referenz angeben wollen, so fragen Sie die betreffende Person vorher, informieren Sie sie über den angestrebten Arbeitsplatz, nennen Sie Gründe, warum Sie sich für diese Stelle bewerben und warum Sie glauben, dass Sie die entsprechende Qualifikation besitzen.

Wenn Ihr Gewährsmann mit seinen Worten Ihre Argumente wiederholt, wird seine Empfehlung für Ihre Bewerbung überzeugen.

Prüfung von Arbeitsproben

Arbeitsproben werden nur für wenige Berufe verlangt. In der Regel findet sich die Forderung bei Stellenangeboten für Journalisten, Graphiker, Texter, Designer etc. – also bei kreativen Berufen mit einem bestimmten Stil. Diesen Stil möchte der neue Arbeitgeber kennen lernen. Dabei muss der Bewerber auf die Geheimhaltungspflicht achten, wenn z. B. ein Texter Unterlagen für ein neues Marketingkonzept seines derzeitigen Arbeitgebers bei einer Bewerbung vorlegen will.

Graphologisches Gutachten

„Wie immer man zum Handschriftenlesen stehen mag, leserlich muss es sein", ist eine verbreitete Meinung von Chefs, die Wert auf eine Handschriftprobe legen. Tatsache ist, dass fast jeder zweite deutsche Personalleiter – zumindest gelegentlich – Schriftgutachten einholt und sie bei einer Personalauslese verwertet. Doch schon immer war das graphologische Gutachten unter Personalchefs für die Bewerberauswahl umstritten – die Bewertungen reichen von schroffer Ablehnung bis zur Graphologie-Gläubigkeit.

Ähnlich wie Astrologen und Handleser, Kartenleger und Hellseher beherrschen auch Graphologen die „Kunst der scheinbar konkreten Banalität", der Binsenweisheit, die gerade diese Person trefflich zu charakterisieren scheint, weil sie auf jeden Menschen irgendwann, irgendwie einmal zutreffen kann.

Bei einem Durchschnittshonorar von ca. 80 Euro ist die Schriftdeutung unübertrefflich ökonomisch: bequemer, schneller, billiger arbeitet keine andere Methode der Bewerberauswahl.

Dies wissen die bundesweit etwa 600 praktizierenden Graphologen zu nutzen. Die Rechtslage zur Einholung eines graphologischen Gutachtens ist eindeutig: „Wer eine Handschriftprobe einreicht, erklärt damit sein Einverständnis für ein graphologisches Gutachten." (Arbeitsgericht München, Az: 26Ca1674/75)

Sie haben jedoch das Recht, sich das Ergebnis des Gutachtens vorlegen und erläutern zu lassen.

Zeigen Sie Schriftpersönlichkeit

Ihre Schrift ist so individuell wie Ihr Fingerabdruck oder Ihre Stimme. Liefern Sie dem Beurteiler diesen individuellen Persönlichkeitsnachweis.

Zeigen Sie sich als „Schriftpersönlichkeit" und nutzen Sie das graphologische Gutachten für Ihre Bewerbung.

Wer heute mit der Hand schreibt, der kann schreiben, wie er will. Ein bindendes Schriftideal oder der jahrelange Drill des Schönschreibunterrichts gehören der Vergangenheit an.

Bezeichnenderweise erlebt der gute alte Füllfederhalter, der die Ästhetik des Schriftbildes und die Eigentümlichkeiten einer Handschrift noch hervorhebt, gegenwärtig eine Renaissance.

Setzen Sie gegen die Stereotypie von Bewerbungsschreiben und Bewerbungsunterlagen Ihre Handschrift und mindern Sie dadurch den Originalitätsverlust in einer Zeit massenhafter Bewerbungen. Die Handschriftprobe muss original sein.

Das Handschriftenmaterial darf nicht weniger als 15 Zeilen umfassen. Am besten eignet sich für ein vollwertiges Gutachten der ausformulierte Lebenslauf.

Telefoninterview

Wenn Ihre Bewerbung in der Papierform überzeugt hat, folgt oft als nächster Schritt ein Anruf für ein Telefoninterview. In den meisten Fällen kündigen die Personalentscheider ein solches Telefonat an, um Ihnen die Möglichkeit zu geben, sich darauf vorzubereiten. Mit diesem Auswahlgespräch sparen die Unternehmen Zeit und Geld und der Interviewer kann sich ein erstes Bild von Ihren kommunikativen Fähigkeiten machen. Wenn Sie das Arbeitsmittel Telefon souverän beherrschen und im Telefonat überzeugen, haben Sie die besten Chancen für das persönliche Vorstellungsgespräch (siehe auch Kap. 2.2).

Die genannten Auswahlmethoden dienen zunächst der Vorauswahl von Bewerbern für ein Vorstellungsgespräch. Dabei werden in der Regel nicht mehr als 8 Bewerber bestehen. Die erste Stufe zum Erfolg ist die aussagefähige schriftliche Bewerbung, wobei das Bewerbungsschreiben der positive Informationsträger sein muss, der nachhaltiges Interesse weckt. Die Art Ihrer Selbstdarstellung zeigt dem Beurteiler, wie Sie sich selbst sehen. Ihre Schulbildung, Berufsbildung und beruflichen Stationen lassen erkennen, ob Sie sich stetig weiterentwickelt haben oder sich mit raschen Sprüngen (Jobhopping) verbessern wollten. Arbeitgeber bevorzugen Bewerber, deren berufliche und schulische Entwicklung sich kontinuierlich vollzog, und die ein berufliches Ziel erkennen lassen. Im Telefoninterview können Sie diese Erwartung nachhaltig bestätigen.

2.2 Wann Sie telefonisch anfragen sollten

„Schreiben Sie uns oder rufen Sie uns einfach an. Herr Meier gibt Ihnen gerne vorab telefonisch nähere Auskünfte."

Bei der telefonischen Anfrage sollten Sie sich von zwei Zielsetzungen leiten lassen: **Was** will ich wissen? und **Wen** muss ich erreichen?

Eine telefonische Anfrage kann mehr bringen als nur offene Stellen zu erfragen. Nutzen Sie die Chance, um Aufgaben und Anforderungen herauszufinden, damit Sie Ihre Bewerbung maßschneidern können.

Telefonkontakt wird zum Telefoninterview

Es gibt eine Reihe von Stellenanzeigen, in denen eine Kontaktperson genannt wird. Manche Firmen und vor allem Personalberater fordern den interessierten Bewerber ausdrücklich zu einem ersten klärenden Telefongespräch auf. Viele Personalchefs bejahen Ihren Wunsch nach einem ersten telefonischen Kontakt, ehe Sie eine komplette Bewerbung erstellen. Sie sind verständlicherweise jedoch nicht bereit, am Telefon bereits letzte Details mit Ihnen zu erörtern. Letztlich müssen Sie sich auf das Stellenangebot mit vollständigen Unterlagen aussagefähig und überzeugend bewerben. Wenn auch die schriftliche Bewerbung in der Regel die richtige Reaktion auf eine Stellenanzeige ist, so kann ein erster telefonischer Kontakt sinnvoll und vorteilhaft sein.

Doch er sollte ebenso gründlich vorbereitet sein, wie ein Vorstellungsgespräch. Arbeiten Sie vor dem Telefonat noch einmal Ihre Bewerbungsunterlagen durch. Versuchen Sie sich die wichtigsten Daten und Fakten einzuprägen, um selbstsicher antworten zu können.

Halten Sie Ihre Unterlagen bereit, um eventuell nachsehen zu können. Seien Sie über die Firma vorinformiert und wenn möglich auch über den Namen und die Position Ihres Gesprächspartners.

Entwerfen Sie dafür einen Gesprächsleitfaden mit den Punkten, die Ihnen wichtig erscheinen. Notieren Sie sich die Punkte, die Sie unbedingt erwähnen möchten. Damit können Sie Einfluss auf das Gespräch nehmen, wenn Sie zum Beispiel interessante Aufgaben oder erfolgreiche Arbeitsergebnisse ansprechen können. Vor allem, wenn sie dabei einen direkten Bezug zur Firma oder zu dem angebotenen Aufgabenbereich herstellen können. Hilfreich ist, wenn Sie entsprechende Stichwörter vor Augen haben, auf die Sie während des Telefonats einen Blick werfen können. Nichts ist ärgerlicher, als im Nachhinein festzustellen, dass man in der Aufregung wichtige Punkte vergessen hat.

Halten Sie in jedem Fall Papier und Bleistift für Notizen (Namen aufschreiben!) und Ihren Terminkalender bereit.

So können Sie aktiv Einfluss auf den Gesprächsverlauf nehmen und es geht Ihnen in der Aufregung kein wichtiger Aspekt verloren. Da ein erstes Gespräch vor allem als Telefoninterview eine halbe Stunde und länger dauern kann, fragen Sie, ob Ihr Gesprächspartner gerade einen Moment Zeit hat oder ob Sie später noch einmal anrufen sollen.

Achten Sie darauf, dass Sie ungestört telefonieren können und schalten Sie alle Nebengeräusche aus.

Tipp: Führen Sie ein Telefonat so, als sei es ein Vorstellungsgespräch!

Das Telefonat ist wie das Gespräch eine sehr unmittelbare Begegnung. Darum sollten Sie sich vorher überlegen, was Sie sagen und fragen wollen und welche Informationen Sie bereit sind zu geben. Zudem ist ein Telefoninterview mit Bewerbern ein sehr effizientes Mittel der Bewerbervorauswahl und wird dann genutzt, wenn der Arbeitgeber überprüfen will, ob er einen Bewerber zum persönlichen Gespräch einladen soll.

Auch beim scheinbar zwanglosen Telefonat stehen Sie als Bewerber auf dem Prüfstand. Erkundigen Sie sich am Schluss des Gesprächs, wie das Bewerbungsverfahren weiter verlaufen wird.

Kompetente Gesprächspartner erreichen

Wichtiges Ziel einer telefonischen Anfrage ist die Kontaktaufnahme mit einem kompetenten Gesprächspartner. Bleiben Sie nicht in der Kommunikationsfalle des Vorzimmers hängen.

Wenn Sie gezielt und sachkundig fragen, werden Sie am ehesten mit der richtigen Person verbunden. Unschlüssige Anrufer, die nicht deutlich machen können, was sie wollen, werden unverbindlich abgewimmelt. Die Namen kompetenter Gesprächspartner erfahren Sie durch gezielte und geschickte Anfragen z. B. bei der Telefonzentrale oder aus Nachschlagewerken, u. a. dem „Handbuch der Großunternehmen". Berücksichtigen Sie, dass Ihr Gesprächspartner in der Gesprächsführung meist geschulter und routinierter ist als Sie.

Bedenken Sie dabei, dass Sie vielleicht wertvolle Informationen schlecht formulieren, ungeschickt vortragen und zum falschen Zeitpunkt preisgeben könnten – und so Ihre Chance möglicherweise verschenken.

Ein positiver erster Eindruck

Der Gesprächspartner kann sich am Telefon durch bestimmte Merkmale, wie Klang der Stimme, Sprachgewandtheit, Sprachsicherheit, Sprachstil, Fragestil, ein erstes Bild von Ihrer Person machen. Andererseits können Sie durch ein Telefonat das Interesse für Ihre Person wecken, sich nachhaltig in Erinnerung bringen und einen positiven Eindruck verstärken. Mit einem positiven telefonischen Kontakt haben Sie gegenüber Ihren Mitbewerbern einen Vorteil, den Sie durch direkte Ansprache Ihres Gesprächspartners nutzen sollten.

Tipp: Notieren Sie Name und Funktion Ihres Gesprächspartners sowie das Datum des Telefonats!

Damit können Sie bei Ihrer Bewerbung oder gegebenenfalls bei einer Rückfrage Bezug nehmen und die betreffende Person direkt ansprechen. Die persönliche Anrede im Gespräch oder Brief hilft eine vertrauensvolle Basis zu schaffen. Entwickeln Sie Ihre Fragetechnik mit „offenen Fragen" (siehe Kap. 3.2).

Wenn das Angebot einer Kontaktaufnahme im Stellenangebot nicht enthalten ist und Sie keinen wichtigen oder akzeptablen Anlass bzw. Fragen haben, sollten Sie sich und den Mitarbeitern der Personalabteilung die telefonische Anfrage ersparen, denn Sie werden nur eine unverbindliche und nichts sagende Antwort erhalten. Bei allzu großer Hartnäckigkeit und Aufdringlichkeit könnten Sie damit sogar Ihre Chance vertun.

Die telefonische Bewerbung entwickelt sich immer mehr zu einem wirkungsvollen Instrument für die Arbeitsplatzsuche.

Unaufgeforderte telefonische Anfragen sind eine Form von „Bewerbung auf gut Glück" (siehe Kap. 2.3) und bedürfen einer entsprechenden Vorbereitung.

Nachhaken will überlegt sein

Bei jedem Bewerbungsvorgang wird die Geduld auf eine harte Probe gestellt und mancher sucht sich mit dem Griff zum Telefon Gewissheit zu verschaffen.

Wenn es auch keine allgemein gültige Regel gibt, wann man bei einer Bewerbung nachhaken kann ohne aufdringlich zu werden, so muss berücksichtigt werden, dass der Bewerbungsablauf einige Zeit in Anspruch nimmt.

So sollten Sie erst nach drei Wochen anfragen. Am besten mit einem Telefonanruf, den Sie vorbereitet haben. Rechnen Sie nicht damit, dass Ihr Gesprächspartner gleich weiß, wer Sie sind und wofür Sie sich beworben haben.

Falls Sie ein Konkurrenzangebot vorliegen haben, sprechen Sie dies offen an ohne diese Alternative als „Druckmittel" einzusetzen. Überlegen Sie auch, ob und warum das noch offene Angebot Sie in besonderer Weise interessiert.

Eine telefonische Nachfrage ist einer E-Mail oder einem Brief vorzuziehen, denn im Telefonat können Sie Ihren Gegenüber in ein Gespräch über Ihre Person verwickeln und heraushören, welchen Eindruck Sie hinterlassen haben und wie Ihre Chancen stehen.

Wenn Sie keinen verantwortlichen Gesprächspartner aus der Personalabteilung oder Fachabteilung ans Telefon bekommen, ist eine schriftliche Anfrage sinnvoll.

So wird eine telefonische Anfrage für Sie nutzbringend:

(1) Bereiten Sie sich auf jede telefonische Anfrage vor!
(2) Gehen Sie Ihre Unterlagen nochmals durch!
(3) Halten Sie Papier und Stift bereit!
(4) Treffen Sie Vorsorge, dass Sie in Ruhe telefonieren können!
(5) Lassen Sie sich mit einem kompetenten Gesprächspartner verbinden!
(6) Notieren Sie sich Namen, Termin und Daten!
(7) Überlegen Sie/formulieren Sie vor, was Sie konkret wissen wollen!
(8) Halten Sie Ihre Unterlagen bereit, damit Sie notfalls auch über Details Ihres Werdeganges Auskunft geben können!
(9) Rechnen Sie mit gezielten und überraschenden Fragen!
(10) Notieren Sie sich für Anschreiben und Rückfragen Name und Funktion Ihres Gesprächspartners!
(11) Führen Sie das Telefonat so, als sei es ein Vorstellungsgespräch!
(12) Fragen Sie telefonisch nach!

2.3 Wie Sie sich unaufgefordert bewerben

„In unserem Unternehmen ist es schon vorgekommen, dass aufgrund einer unaufgeforderten Bewerbung eine Position neu eingerichtet wurde und der aktive Bewerber diese Stelle übernommen hat."

So der Personalchef eines mittleren Unternehmens.

„Der Großteil unseres Nachwuchses rekrutiert sich aus Initiativbewerbungen",

stellt eine Fimensprecherin fest.

„Wir schalten so gut wie keine Stellenanzeigen."

In so genannten Karriereportalen veröffentlichen Unternehmen ihr Profil. Auch wenn kein konkretes Stellenangebot gemacht werden kann, sind die Unternehmen offen für Initiativbewerbungen und erschließen sich damit den Zugang zu Bewerbermärkten.

Wer wirklich Interesse an einer Firma hat, geht als Erstes auf deren Website.

Eine Blindbewerbung ist noch keine Initiativbewerbung. Ohne Berücksichtigung der Anforderungen und Wünsche des Unternehmens bleibt der Bewerbungserfolg aus.

Sich bei Personalberatern unaufgeforderte ins Gespräch zu bringen, kann sich lohnen, wenn sich der Headhunter in der gewünschten Branche auskennt und für Unternehmen dieser Branche tätig ist.

Von Messen, Events und Karrieretagen

Die Hannover Messe und der „Job Market" der CeBIT mit rund 90 000 Besuchern gelten seit Jahren als einzigartiger Personalmarkt. Bieten Messen doch den veränderungsbereiten Fachkräften die Möglichkeit, sich gezielt über Firmen zu informieren und Kontakte zu knüpfen.

Fachmessen, die früher fast ausschließlich als Leistungsschauen galten, werden als Personalbörsen genutzt – mit Stellenangeboten an den Standwänden und einem Messeteam, das für Personalgespräche und -gewinnung zusammengestellt wird.

Teilnehmer können auf Fachmessen als kostenlosen Service teilweise eine professionelle Karriereberatung in Anspruch nehmen.

So genannte Recruitingmessen oder Karrieretage dienen ausschließlich dazu, Führungsnachwuchs und Fachkräfte zu gewinnen. Teilweise müssen sich die Interessenten dafür bewerben und werden nach einem Vorauswahlverfahren eingeladen. Bei offenen Messen besteht jedoch keine Vorauswahl und teilweise kostenloser Eintritt.

Bei Bewerbern sind Jobmessen wenig bekannt oder beliebt. Mit der Folge, dass von rund 15 Jobmessen im Jahr 2001 nur noch eine Hand voll übrig geblieben ist.

Tipps für einen erfolgreichen Messebesuch

- Wählen Sie die Firmen aus, die Sie besuchen wollen!
- Bringen Sie aussagefähige Bewerbungsunterlagen mit!
- Verteilen Sie Ihren Lebenslauf nur mit einem kurzen Anschreiben!
- Tauschen Sie Visitenkarten aus!
- Kleiden Sie sich wie zum Vorstellungsgespräch!
- Notieren Sie sich Name und Abteilung Ihrer Gesprächspartner!
- Überlegen Sie in den passenden Einstieg für das Gespräch!
- Erfragen Sie genau, an welche Person und Adresse Sie Ihre vollständigen Bewerbungsunterlagen schicken sollen!

Wenn Sie sich einen guten Überblick über Unternehmen, Beschäftigungsmöglichkeiten und Karrierewege verschaffen möchten, sollten Sie offene Messen wie den Absolventenkongress besuchen. Sie können dabei in Kontaktgesprächen Ihre Bewerbungsstrategie testen und Konkurrenzbeobachtung bei Ihren Mitbewerbern betreiben. Bringen Sie gleich mehrere Bewerbungsmappen mit.

@WEBTIPP: www.talents.de; www.absolventenkongress.de

Ein exklusiver Kreis von Bewerbern kann die Stellensuche mit einem Event beginnen.

Zu mehrtägigen Recruiting-Workshops, die zu aufwendigen Events in Nobel-Hotels gestaltet werden, laden die großen Unternehmensberatungen oder Firmen nur die so genannten High Potentials ein, jene zehn Prozent der Hochschulabsolventen, um die der „War for Talents", der Kampf um die Besten, geführt wird.

Für die meisten Stellensuchenden bleiben Recruitingmessen deshalb nur ein Nebenschauplatz.

Der Schlüssel zum „closed shop"

Personalleiter erwarten die Eigeninitiative von Stellensuchenden. Sie müssen ja nicht gleich mit der Tür ins Haus fallen und bei einem Spontan-Besuch unangemeldet vorsprechen. Auch wenn diese Methode bei kleineren Betrieben und Büros von Freiberuflern häufig nach dem Motto „Wenn Sie schon mal da sind ..." zu einem interessanten Gespräch führen kann, ist diese Überfalltaktik nur bedingt empfehlenswert.

Die überwiegende Zahl bundesdeutscher Unternehmen reagiert positiv auf unaufgefordert eingesandte Bewerbungen. Für Hochschulabsolventen ist die Initiativbewerbung eher die Regel als die Ausnahme bei der Stellensuche.

Direktbewerbungen lockern den starren Arbeitsmarkt auf und Sie erschließen sich neue Möglichkeiten. In Zeiten knapper Stellenangebote erhöhen Initiativbewerbungen die Chance auf einen Arbeitsplatz, zumal nur die Hälfte der offenen Stellen in Deutschland öffentlich ausgeschrieben werden.

Jede sechste Neueinstellung erfolgte im Jahr 2004 durch die Initiative des Bewerbers. Dabei ist der Vorteil, dass Sie weniger Mitbewerber haben und Sie zeigen Engagement und Motivation für das Unternehmen.

Die unaufgeforderte Bewerbung ist zudem die einzige Chance, in den „closed shop“, den verborgenen und verschlossenen internen Arbeitsmarkt, einzudringen. Durch betriebliche Regelungen, beispielsweise interne Stellenausschreibungen, sind den Betrieben bei Personalentscheidungen teilweise die Hände gebunden, sodass eine unaufgeforderte Bewerbung durchaus als Alternative zu internen Bewerbungen begrüßt wird.

Tipp: Brechen Sie in den „closed shop“ ein – unaufgefordert!

Für eine unaufgeforderte Bewerbung ist es notwendig, sich in die Position des Personalers zu versetzen. Sie sollten eine Vorstellung davon haben, wo Ihre Fähigkeiten in dem angesprochenen Unternehmen an besten gebraucht werden könnten, denn Sie sind Verkäufer in eigener Sache.

Dabei ist das Bewerbungsschreiben besonders wichtig, denn es muss beim Empfänger den Wunsch zum persönlichen Kennenlernen auslösen. Mit einem Anknüpfungspunkt, Aufhänger oder Bezug bzw. mit einer überzeugenden Begründung muss der Bewerber das spontane Interesse beim Empfänger seiner unaufgeforderten Bewerbung finden. Nachwuchspositionen, z. B. Gruppenleiterstellen, werden nahezu ausschließlich intern angeboten und besetzt, sodass häufig nur über eine unaufgeforderte Bewerbung die Möglichkeit besteht, diese Chance zu nutzen.

Da keine Stellenausschreibung vorliegt, müssen Sie selbst anhand von Stellenanzeigen für ähnliche Positionen Ihr Qualifikationsprofil entwickeln und eine passgenaue Bewerbungsmappe erstellen.

Als Initiativbewerber müssen Sie die Antwort geben können, bevor das Unternehmen überhaupt eine Frage stellt. Sie beweisen damit eine proaktive Einstellung zur Selbstvermarktung.

Mittelstand – Der Jobriese in der Nische

Für eine unaufgeforderte Bewerbung empfiehlt sich eine „Nischenstrategie“. Bewerben Sie sich nicht ausschließlich bei Großbetrieben, die mit unaufgeforderten Bewerbungen überschwemmt werden, sondern überlegen Sie, ob ein kleineres Unternehmen für Sie nicht in gleicher Weise eine interessante Aufgabe bieten könnte (siehe Kap. 1.2).

Zumindest wird Ihre Bewerbung bei einem kleineren Unternehmen einen größeren Aufmerksamkeitswert bekommen, wenn Sie entsprechend qualifiziert sind. Für eine unaufgeforderte Bewerbung kann es vorteilhaft sein, sich direkt in der Fachabteilung zu bewerben, wo der Personalbedarf früher erkannt wird und wo das unmittelbare Interesse an Ihrer Person und Qualifikation angesprochen werden kann. Hierbei können persönliche Kontakte ebenso hilfreich sein, wie eine Direktbewerbung bei dem Leiter personalverantwortlicher Fachabteilungen (Bereichsleiter, Hauptabteilungsleiter). Die Namen der leitenden Mitarbeiter können Sie entweder über die Telefonzentrale erfragen oder in entsprechenden Nachschlagewerken finden.

Tipp: Bewerben Sie sich direkt in der Fachabteilung!

Nutzen Sie die betrieblichen Informationsmöglichkeiten und -wege in Ihrer derzeitigen Stelle auch für ihr persönliches Fortkommen. Geschäftliche oder private Beziehungen sollten Sie als Referenzen für unaufgeforderte Bewerbungen gleichfalls intensiv nutzen. Nennen Sie persönliche Referenzen jedoch nur dann, wenn Sie dies mit der betreffenden Person abgestimmt haben. Zudem können Sie mit dieser Form der direkten Ansprache Ihre Bewerbung persönlich adressieren.

Informationen bieten Anknüpfungspunkte

Um die Erfolgschancen einer „Bewerbung auf gut Glück" zu erhöhen, ist die genaue Information über das Unternehmen, über dort zurzeit verfolgte Projekte, oder aber der persönliche Kontakt zu leitenden Mitarbeitern empfehlenswert. Nutzen Sie Firmenpräsentationen im Internet, Pressemitteilungen, Artikel in Fachzeitschriften und Zeitungen als Grundlage für Argumente und Begründungen Ihrer Bewerbung. Die regelmäßige Lektüre des Wirtschaftsteils – und nicht nur des Stellenanzeigenteils – einer überregionalen Zeitung und die gezielte Recherche im Internet sollten daher selbstverständlich sein.

Aus diesen Informationen können Sie u. a. Begründungen für Ihren Stellenwechsel oder für Ihre Bewerbung gewinnen; dabei kommt Ihnen die verstärkte Publikationsfreudigkeit deutscher Unternehmen besonders entgegen. Wenn Sie erfahren, dass ein Unternehmer einen großen Auftrag erhalten hat, seinen Gewinn gegenüber dem Vorjahr deutlich gesteigert hat, seinen Umsatz erhöht hat, mit einer überdurchschnittlichen Wachstumsrate rechnet, so sind dies Anknüpfungspunkte für eine unaufgeforderte Bewerbung und Sie können sie unter Bezugnahme auf diese Berichte glaubhaft begründen.

Eine vollständige Bewerbung schicken

Vollständige Bewerbungsunterlagen machen eine unaufgeforderte Bewerbung erst beurteilungs- und aussagefähig. Die Bewerbung bekommt dadurch eine größere Verbindlichkeit für den Empfänger und Sie beweisen die Ernsthaftigkeit Ihrer Bewerbung. Vermeiden Sie bei einer unaufgeforderten Bewerbung den Eindruck einer Massendrucksache. Unpräzise Anschreiben, kopierte Lebensläufe mit nachträglich eingesetzten Daten sind Indizien für Massenbewerbungen, die keinerlei Beachtung finden. Vor allem wenn Sie eine Kurzbewerbung schicken, die mit schlagworthafter Headline und einem Kurzprofil zum Massenversand konzipiert ist.

Tipp: „Bleiben Sie dran" – unaufgefordert heißt nicht unverbindlich!

Wer die Initiative ergreift, der darf auch nachfassen. Gerade bei unaufgeforderten Bewerbungen sollten Sie zu gegebener Zeit, d. h. etwa drei Wochen nach Einreichen Ihrer Bewerbung nachfragen und damit Ihr Interesse an einer Mitarbeit nochmals bekunden. Beachten Sie dabei die notwendigen Verhaltensweisen für ein telefonisches Kontaktgespräch (siehe Kap. 2.2).

So steigern Sie den Erfolg einer Bewerbung auf „gut Glück":

(1) Beobachten Sie laufend den Arbeitsmarkt im Wirtschafts- und Personalanzeigenteil der Zeitung!

(2) Recherchieren Sie gezielt und systematisch im Internet!

(3) Informieren Sie sich möglichst umfassend über die Firma, z. B. über laufende Projekte. Beachten Sie dabei auch Artikel in den Fachzeitschriften oder in der Tagespresse!

(4) Suchen Sie einen Anknüpfungspunkt oder Aufhänger für Ihre unaufgeforderte Bewerbung! Dies können sein:
- Internes Stellenangebot
- Firmenpräsentation im Internet
- Artikel in einer Fachzeitung
- Zeitungsartikel und Presseveröffentlichungen
- Bekannt gewordene Bauvorhaben
- Referenzen durch persönliche Vermittlung
- Kongresse, Tagungen und Messen

(5) Entwickeln Sie eine Nischenstrategie! (Nicht nur die „Großen" bieten die Chance des Lebens!)

(6) Bewerben Sie sich möglichst gezielt und direkt in der Fachabteilung!

(7) Nutzen Sie Privat- und Geschäftskontakte für Ihr berufliches Fortkommen!

(8) Argumentieren Sie nicht mit Ihren persönlichen Problemen, sondern wecken Sie das sachliche Interesse für Ihre Bewerbung!

(9) Bewerben Sie sich grundsätzlich mit Ihren vollständigen Unterlagen!

(10) „Bleiben Sie dran" und bekunden Sie damit Ihr Interesse an einer Mitarbeit!

2.4 Wie Sie Ihr Bewerbungsschreiben erstellen

„90 Prozent der Bewerbungen, die ich auf den Tisch bekomme, sind fast wörtlich aus Bewerbungsbüchern abgeschrieben. Der Bewerber beweist damit nur Mittelmaß und einen Mangel an Persönlichkeit."

So der Personalchef eines Großbetriebes in einem Interview.

Schlüsseldokument statt Musterbrief

Viele wohl gemeinte Schriften wollen dem Unsicheren beim Bewerbungsschreiben mit Vordrucken und Vorformuliertem helfen. Jedoch ist keine „Konfektionsware", sondern ein individuelles

Schreiben gefragt. Der Personalverantwortliche möchte schon aus dem Bewerbungsschreiben beurteilen können, warum sich der Bewerber bei dieser Firma bewirbt, warum ihn die angebotene Stelle interessiert, warum sich der Bewerber für geeignet hält.

Das Bewerbungsschreiben ist ein Schlüsseldokument; es lässt erkennen, ob Sie auf den Inhalt einer Anzeige oder eines Stellenangebotes eingehen können und ob Sie die Fähigkeit besitzen, Ihre Dienste überzeugend anzubieten. Bewerben Sie sich als Frau grundsätzlich auch auf Stellen, die nur in der männlichen Form ausgeschrieben sind, wenn Sie die erforderlichen Qualifikationen besitzen. Nur so können Sie Ihrem Anspruch auf Chancengleichheit gerecht werden.

Dabei wird bei der Beurteilung Wert auf eine individuelle und gezielte Bewerbung gelegt, die in Form und Ausdruck überzeugt. Versuchen Sie nicht, mit originellen Gags auf sich aufmerksam zu machen, denn Humor ist nicht jedermanns Sache.

Auch die Form ist wichtig ...

Es wird bereits von einem Berufsanfänger erwartet, dass er auf die Form seines Bewerbungsschreibens achtet. Unabhängig vom Inhalt des Bewerbungsschreibens lässt die Form erkennen, ob Sie den Blick für das Wesentliche haben und ob Sie Ihre Angaben ordentlich und übersichtlich darlegen – sich wirkungsvoll präsentieren können. Legen Sie Wert auf eine gute Briefgestaltung und benutzen Sie ein Textverarbeitungsprogramm. Achten Sie auf eine gute Druckerqualität. Wenn Sie Ihre Bewerbung am PC schreiben, bestätigen Sie, dass Sie qualifizierte Anwenderkenntnisse in der Textverarbeitung besitzen.

Tipp: Verwenden Sie in einen aktiven Wortschatz und Briefstil!

Vermeiden Sie den Eindruck einer massenhaften Bewerbungsaktion. Wenn nicht ausdrücklich ein handgeschriebenes Schreiben gefordert ist, erstellen Sie Ihr Bewerbungsschreiben grundsätzlich maschinenschriftlich. Nehmen Sie gegebenenfalls fremde Hilfe in Anspruch. Es sind ganz pragmatische Gründe, die für den PC sprechen: Sie bringen mehr auf eine DIN-A4-Seite und Sie haben mit gekonnter Briefgestaltung die Möglichkeit der ordnenden Darstellung.

Bewerber und Bewerberinnen, die mit der Korrespondenz befasst sind, müssen unbedingt die Formvorschriften der DIN 5008 beherrschen. Halten Sie sich an die „Ein-Seiten-Regel", das heißt, was nicht auf eine Seite passt, ist nicht wert, geschrieben zu werden. Oder um mit Goethe zu sprechen: „Weil ich keine Zeit habe, schreibe ich dir einen langen Brief." Von 100 Bewerbungsschreiben sind 90 zu lang, und wenn Sie mit einer DIN-A4-Seite auskommen, beweisen Sie, dass Sie sich auf das Wesentliche konzentrieren können.

Tipp: Betrachten Sie das Bewerbungsschreiben als Ihre erste Arbeitsprobe!

Betrachten Sie das Bewerbungsschreiben als Ihre erste Arbeitsprobe, die belegt, dass Sie einen schwierigen Sachverhalt treffend, aussagefähig, überzeugend und formentsprechend darlegen können. Ein gelungenes Bewerbungsschreiben lässt vermuten, dass Sie andere Aufgaben ebenso gut lösen können. Dazu gehört auch, dass Sie einen argumentativen Schreibstil entwickeln, indem Sie einen großen Wortschatz benutzen und Konjunktive („ich würde") sowie Übertreibungen und lange Schachtelsätze vermeiden. Betonen Sie, ohne zu übertreiben durch Adjektive wie: selbständig, schwierig, verantwortlich, umfangreich etc. die Qualifikation Ihrer Aufgaben.

... und der Inhalt entscheidend

Letztlich zählt der Inhalt des Bewerbungsschreibens, das eine Schlüsselfunktion bei der Beurteilung Ihrer Bewerbungsunterlagen hat. Schon der erste Satz muss maßgeschneidert sein. Es ist entscheidend, wie Sie argumentieren und wie Sie dadurch das Interesse für Ihre Person und Qualifikation wecken können.

Statt Behauptungen aufzustellen, sollten Sie Beispiele und Belege anführen, dass Sie den Anforderungen der Stelle und den Erwartungen des Arbeitgebers voll entsprechen.

Verweisen Sie nur zur Bestätigung Ihrer Angaben auf die beigefügten Unterlagen und erwarten Sie nicht, dass sich der Personaler selber mühsam zusammensucht, was er wissen will. Nicht mehr als 3 bis 5 Minuten nimmt er sich für eine erste Sichtung der Unterlagen – oft sind es auch nur ein paar Sekunden.

Die gute Vorbereitung des Bewerbungsschreibens durch die Analyse des Stellenangebotes ist die halbe Arbeit. Machen Sie deutlich, dass Sie für das Unternehmen von Nutzen sind. Je klarer Sie das Anforderungsprofil der Stelle in Einklang mit Ihrem persönlichen Eignungsprofil bringen, umso größer werden Ihre Chancen sein.

Tipp: Stellen Sie den Nutzen Ihrer Bewerbung für den Arbeitgeber heraus!

Entwickeln Sie im Schreiben die Argumente vom Stellenangebot her und gehen Sie auf die Erwartungen des Arbeitgebers hinsichtlich der Softskills, der persönlichen Kompetenzen, ein. Damit schaffen Sie beim Empfänger die gedankliche Brücke zwischen seinem Stellenangebot und Ihrer Person.

Beantworten Sie vorab die Fragen des Erstbeurteilers: Welchen Nutzen bringt der Bewerber? Passen die Qualifikationen auf die vakante Stelle? Passt er in das Team?

Wenn Ihnen dies mit Ihrem Bewerbungsschreiben gelingt, haben Sie bereits ein Konzept für das Vorstellungsgespräch, mit dem Sie überzeugen können.

Verwenden Sie das Arbeitsblatt: **Bewerbungsschreiben** im Anhang.

Quereinstieg – Schwachstelle oder Chance?

Die zahllosen Quereinsteiger mit interessanten Biographien und überraschenden Brüchen in ihrer beruflichen Laufbahn bestätigen, dass in der Berufswelt alles denkbar ist und möglich werden kann. Neue Berufe entstehen, Fähigkeiten werden neu entdeckt, Fertigkeiten und Erfahrungen anders bewertet. Was erst als Schwachstelle erscheint, stellt sich oft als ein unkonventioneller Karriereweg dar.

Die Chance des Ungewöhnlichen können Sie jedoch nur durch Selbsterkenntnis, Mut und Selbstbewusstsein nutzen. Klären Sie für sich, welche Fähigkeiten und Erfahrungen Sie durch persönliche

Entscheidungen und Veränderungen erworben haben und wie Sie diese wirksam in eine berufliche Aufgabe einbringen können.

Bereits in Bewerbungsschreiben sollten Sie mit entwaffnender Offenheit akzeptable oder überraschende Argumente z. B. für Ihren Studienabbruch oder Berufswechsel einbringen.

Was als Schwachstelle erscheint, kann als Chance genutzt werden, indem Sie zeigen, worin der besondere Vorteil Ihres unkonventionellen Weges zu Ihrer beruflichen Erfahrung liegt.

Bachelor und ältere Bewerber

Dies zeigt sich in der aktuellen Arbeitsmarktsituation, denn zunehmend setzen Personaler auf ältere Semester – hauptsächlich aus drei Gründen: Die Unternehmen wollen sich deren Erfahrungen zu Nutze machen. Ältere gelten als pflichtbewusst und zuverlässig. Eine ältere Belegschaft fördert eine natürliche Mitarbeiterfluktuation, denn ein neu eingestellter 50-Jähriger bleibt keine 20 Jahre mehr im Betrieb. So war der älteste Ingenieur, der im neuen Leipziger BMW-Werk eingestellt wurde, 59 Jahre alt.

Ein wichtiger Grund für die Zurückhaltung der Unternehmen bei der Einstellung älterer Arbeitnehmer ist die geringe Beteiligung der Älteren an der (betrieblichen) Weiterbildung, sodass sie nicht immer auf dem neuesten Stand sind. Eigene Weiterbildungsinitiativen sind deshalb ein überzeugendes Argument bei Ihrer Bewerbung als älteres Semester.

Gute Chancen für eine qualifikationsgerechte Beschäftigung werden inzwischen den Absolventen der Bachelor-Studiengänge vor allem in kleineren und mittelgroßen Betrieben eingeräumt, wo sechzig Prozent der Absolventen unterkommen. 56 Prozent der Unternehmer in diesem Bereich sehen zudem keinen entscheidenden Unterschied zwischen den neuen Studienabschlüssen und dem Diplom. Gewichtiges Argument ist die Praxisorientierung der neuen Studiengänge.

Umgang mit Schwachstellen

Für manche Bewerber stellt sich die Frage, ob sie Schwachstellen, z. B. ein schlechtes Arbeitszeugnis oder Arbeitslosigkeit, verheimlichen sollen. Bestimmen Sie, welches Urteil sich der Empfänger

Ihrer Bewerbung macht dadurch, indem Sie die Schwachstellen selbst ansprechen, ihm akzeptable Begründungen liefern oder anbieten. Dies zeigt auch, dass Sie nichts zu verbergen haben oder dass Sie aus Fehlern der Vergangenheit gelernt haben und gereift sind. Argumentieren Sie nicht persönlich „ich verlor meinen Arbeitsplatz", sondern sachlich „das Aufgabengebiet entfiel". Argumentieren Sie nicht individuell „mir wurde gekündigt", sondern kollektiv „die Abteilung wurde aufgelöst".

Bei der Beantwortung der Frage nach der Arbeitslosigkeit im Vorstellungsgespräch ist weniger der Tatbestand, dass der Bewerber arbeitslos ist entscheidend, sondern die Art und Weise, wie er dies erklärt. Dabei sollte er jedoch deutlich machen, wie er diese unfreiwillige Auszeit sinnvoll genutzt hat (siehe auch in Kapitel 2.5 „Lücken argumentativ überbrücken").

Liefern Sie positive Begründungen: „Durch Nebenjobs zur notwendigen Finanzierung meines Studiums hat sich zwar die Studiendauer etwas verlängert, doch ich konnte vielfältige berufliche Erfahrungen gewinnen."

Bieten Sie für Schwachstellen die Erklärung im persönlichen Gespräch an, z. B. „Die Gründe für mein vorzeitiges Ausscheiden bei der Firma X möchte ich in einem persönlichen Gespräch erläutern." Achten Sie jedoch darauf, dass Ihr Bewerbungsschreiben nicht zu einem Rechtfertigungsschreiben wird, nach dem Motto: „Wer sich verteidigt, klagt sich an!" Im Bewerbungsschreiben sollen Sie die Übereinstimmung zwischen dem Stellenangebot und Ihrer Qualifikation verdeutlichen.

Fehlanzeige: Fehler im Bewerbungsschreiben

- Zu lang – die bevorzugte Länge liegt bei max. 1 1/2 Seiten,
- ungeordnet – die Informationen müssen im Schreiben und aus den Unterlagen zusammengesucht werden,
- schlecht getippt – das Schreiben ist schwer lesbar und sieht wenig professionell aus,
- überzogen – in langen Sätzen wird zu wenig mitgeteilt,
- zu dürftig – es gibt nur die allernötigste Auskunft über berufliche Daten und Tätigkeiten,
- nicht ergebnisorientiert – beschrieben wird nicht, was der Bewerber geleistet hat, welche Ergebnisse und Erfolge er erzielt hat,

- zu viel Unnötiges – persönliche Dinge, Lebenserfahrungen, Meinungen über Gott und die Welt,
- orthographische Fehler – Bewerbungen sollten genau durchgelesen werden, bevor sie verschickt werden,
- der Versuch zu imponieren – ein beeindruckender Schriftzug und Briefkopf auf exotischem Papier lenkt von der Klarheit der Präsentation ab.

Gehaltswunsch als Karrierefalle

Jede dritte Bewerbung scheitert an zu hohen Gehaltsvorstellungen. Als Bewerber müssen Sie eine realistische Gehaltsvorstellung haben und begründen können.

Ignorieren Sie die Frage nach Ihrem Gehaltswunsch in keinem Fall, sondern reagieren Sie im Bewerbungsschreiben am besten indirekt auf die Forderung nach der Angabe eines Gehaltswunsches.

Wenn Sie eine Gehaltsangabe machen wollen, so nennen Sie ihr derzeitiges Jahresgehalt, in das Sie alle Bezüge einrechnen oder eine Bandbreite von max. 20 Prozent. Beispiel: „Mein Gehaltswunsch liegt zwischen 40 000 und 48 000 Euro jährlich."

Sparen Sie das heikle Thema der Gehaltsfrage für das Vorstellungsgespräch auf, denn Sie stärken Ihre Verhandlungsposition, wenn Sie die Reaktionen Ihres Gesprächspartners beobachten können.

Schwächen Sie Ihre Position nicht im Voraus durch einen zu hohen oder zu niedrigen Gehaltswunsch (siehe auch Kap. 3.6).

In größeren Betrieben mit meist vorgegebenen Gehaltsstrukturen hat Ihr Gesprächspartner ohnedies einen relativ geringen Verhandlungsspielraum.

Tipp: Umschreiben Sie im Bewerbungsschreiben Ihren Gehaltswunsch!

Umschreiben Sie im Bewerbungsschreiben Ihren Gehaltswunsch mit folgenden Formulierungen:

- „Meinen Gehaltswunsch würde ich gerne in einem persönlichen Gespräch nennen."
- „Meine Gehaltsvorstellungen orientieren sich an der Vergütungsgruppe ..."

- „Meine Gehaltsvorstellungen orientieren sich an den für Hochschulabsolventen üblichen Einstellungsgehältern.“

Auf den Gehaltswunsch und Eintrittstermin können Sie alternativ entweder im Bewerbungsschreiben oder im Lebenslauf eingehen.

Nennen Sie Ihren frühesten Eintrittstermin jedoch dann nicht, wenn Sie erst **nach** dem gewünschten Eintrittstermin wechseln können. Vor allem wenn Sie sehr viel später als gewünscht die angebotene Aufgabe übernehmen können, scheitert Ihre Bewerbung bereits in der Vorauswahl an Ihrem Kündigungstermin.

Tipp: Nennen Sie keinen späteren Eintrittstermin!

Haben Sie dagegen später im Vorstellungsgespräch überzeugt, so wird Ihre Einstellung meist nicht mehr an einem späteren Eintrittstermin scheitern.

Vor allem wenn Sie anbieten, dass Sie mit Ihrem derzeitigen Arbeitgeber über ein früheres Ausscheiden verhandeln.

Persönlich anschreiben

Schreiben Sie Ihre Bewerbung adressatenbewusst, d. h., überlegen Sie, welche Erwartungen der Arbeitgeber mit dem Stellenangebot verbindet. Suchen Sie möglichst eine Bezugsperson, die Sie persönlich anschreiben können. Achten Sie deshalb auf namentliche Angaben im Stellenangebot. Je höher der Angesprochene in der betrieblichen Hierarchie steht, umso vorteilhafter ist es, ihn persönlich anzuschreiben. Steht bei der Adressierung der Name des Empfängers vor dem Firmennamen, so gilt dieser Brief als persönlich und wird üblicherweise vom Adressaten selbst geöffnet.

Soweit Sie in Ihrem Anschreiben keine direkte Bezugsperson nennen können, ist es üblich, dass Sie die Anrede mit „Sehr geehrte Damen und Herren“ wählen, ohne Ausrufezeichen und ohne Unterstreichung.

Bernd Huber Stuttgart, ...
Mühlenstr. 15
70123 Stuttgart
Tel. (0711) 359671

Fischer AG
Herrn Hermann Maier
Am Kranenkai 6
50476 Köln

Bewerbung als Bilanzbuchhalter
Ihr Stellenangebot in der .... Zeitung vom ....

Sehr geehrter Herr Maier,
an Ihrem Stellenangebot bin ich sehr interessiert.

Nach dem erfolgreichen Abschluss der Prüfung vom Bilanzbuchhalter bin ich seit sechs Jahren für die Geschäftsbuchhaltung in einem mittleren Unternehmen der Baubranche zuständig. Dazu gehört auch ein umfangreicher Zahlungsverkehr mit Projekten im Ausland sowie die Bearbeitung schwieriger Mahnverfahren.

Die monatliche Erfolgsrechnung und der Jahresabschluss unserer GmbH werden von mir selbständig und eigenverantwortlich erstellt. Ich bin bilanz- und abschlusssicher und habe Handlungsvollmacht.

Die finanzielle Abwicklung der Auslandsprojekte erfordert gute Englischkenntnisse, die ich in einem privaten Gesprächskreis mit ausländischen Freunden laufend verbessern kann.

Bei der Umstellung auf das EDV-Buchhaltungssystem .... und bei den laufenden Änderungen war und ist ein hohes Maß an Flexibilität und Kooperationsbereitschaft gefordert. Hinsichtlich meiner anderen persönlichen Qualifikationen darf ich Sie auf das beigefügte Zwischenzeugnis meines langjährigen Vorgesetzten verweisen.

Meine Gehaltsvorstellungen nenne ich Ihnen gerne im persönlichen Gespräch.

Derzeit habe ich ein Jahresgehalt von Euro ....

Die Übernahme der angebotenen Aufgabe ist zum .... möglich.

Da ich mich ungekündigt in einer besonderen Vertrauensposition befinde, bitte ich Sie um vertrauliche Behandlung meiner Bewerbung.

Ich freue mich, wenn Ihnen ein Gespräch mit mir lohnend erscheint.

Mit freundlichem Gruß

Anlage
Bewerbungsmappe

So stellen Sie aussagefähig Ihren Ausbildungs- und Berufsweg dar:

(1) Antworten Sie adressatenbewusst auf die Stellenanzeige!
(2) Gehen Sie auf den Anzeigentext ein und berücksichtigen Sie das Firmenprofil, das Stellenprofil und das Anforderungsprofil!
(3) Greifen Sie im Schreiben die wichtigsten Tätigkeits- und Qualifikationsmerkmale argumentativ auf!
(4) Belegen Sie mit Fakten und Beispielen, dass Sie entsprechend qualifiziert sind!
(5) Stellen Sie den Nutzen Ihrer Qualifikation für den Arbeitgeber dar!
(6) Liefern Sie für mögliche Schwachstellen glaubhafte und akzeptable Begründungen!
(7) Benutzen Sie einen aktiven Wortschatz und Argumentationsstil!
(8) Heben Sie durch Adjektive sachlich die Qualifikation Ihrer Aufgaben hervor!
(9) Entwickeln Sie das Stellenangebot zum Spiegelbild Ihrer eigenen Qualifikation und Motivation!

2.5 Welche Unterlagen Sie schicken müssen

Eine gewichtige Bewerbung lag auf dem Tisch des Personalchefs. Stolze 600 g brachte die Bewerbung des Diplom-Volkswirts G. auf die Briefwaage. Über ein Pfund Bewerbung!

Dieses Gewicht setzte sich aus einem Plastikschnellhefter mit unzähligen Zeugnissen zusammen, überwiegend von Fortbildungskursen, die das vielfältige Interesse des Bewerbers in Linguistik, Heimatkunde, Brauchtum und Kultur belegten. Der Kandidat, Mitte vierzig, suchte eine Führungsaufgabe.

Grundsätzlich sollen die Bewerbungsunterlagen eine verlässliche Beurteilung Ihrer Qualifikation ermöglichen. Zudem soll der Empfänger erkennen, dass Sie die Anforderungen der Position richtig einschätzen.

Eine ausführliche Bewerbung enthält die folgenden Unterlagen:

Bewerbungsschreiben

Das Bewerbungsschreiben lässt erkennen, ob Sie auf den Inhalt eines Stellenangebotes oder einer Stellenanzeige eingehen können und ob sie die Fähigkeit besitzen, Ihre Dienste überzeugend anzubieten (siehe Kap. 2.4).

Das Anschreiben findet in einer Bewerbungsmappe seinen Platz zwischen den abgehefteten Unterlagen und dem Klarsichtdeckel. Das Bewerbungsschreiben bleibt als Geschäftskorrespondenz beim Empfänger.

Lichtbild

Da Personalentscheider sich nur wenige Minuten für eine erste Sichtung der Unterlagen nehmen, ist verständlich, dass ein Bewerber, der auf dem Foto sympathisch wirkt, einfach bessere Chancen hat.

Bevor Sie ein Foto auswählen oder zum Fotografen gehen, sollten Sie sich die Frage beantworten: Wie präsentiere ich mich optimal?, denn es macht einen Unterschied, ob Sie sich für eine Bank oder für ein Bauunternehmen bildlich in Szene setzen.

Das Lichtbild gehört zu einer vollständigen Bewerbung. Auch wenn Farbfotos üblich geworden sind, fragen Sie den Fotografen nach einem Schwarz-Weiß-Passbild, weil es neutraler und unverfänglicher wirkt.

Gehen Sie zu einem Berufsfotografen und lassen Sie mehrere Aufnahmen machen. Wählen Sie das Foto, das Ihnen am besten gefällt, im Passbildformat 5,5 × 4 cm aus. Kein Ganzfoto! Kein Ferienfoto! Kein Schnappschuss! Kein Familienfoto! Keine Automatenfotos!

Das Foto sollte nicht älter als zwei Jahre sein und in der Bewerbungsmappe entweder auf dem Deckblatt oder rechts oben auf dem Lebenslauf mit einem Klebestift plaziert sein. Verzichten Sie auf Fotoecken oder Büroklammern, denn fast die Hälfte der angehängten Fotos gehen verloren.

Das Lichtbild vermittelt einen ersten persönlichen Eindruck – und wird die Entscheidung beeinflussen, denn es zeigt dem Empfänger, wie Sie sich selbst sehen!

Lebenslauf

Lebenslauf und Anschreiben sind Ihre Marketinginstrumente in eigener Sache, die Sie selbst gestalten können. Der aussagefähige

Lebenslauf ist Kernstück jeder Bewerbung. Aus ihm zieht ein Beurteiler Schlüsse über Ihren zukünftigen Berufsweg, wobei die zeitliche Abfolge der einzelnen beruflichen Stationen mit der Häufigkeit des Wechsels etwa durch Befristung der Arbeitsverträge und Projektaufträge berücksichtigt wird, ohne dass Sie bereits als Jobhopper abqualifiziert werden.

Versetzen Sie sich in die Rolle des Empfängers und achten Sie auf eine individuelle Gestaltung. Verwenden Sie keine Vordrucke!

Der Lebenslauf wird manchmal in handschriftlicher Form verlangt. Fügen Sie in diesem Fall jedoch eine maschinenschriftliche Fassung in tabellarischer Form bei.

Die Möglichkeit der übersichtlichen Gestaltung erleichtert Ihnen einen lückenlosen und aussagefähigen Nachweis Ihres Bildungsganges und Ihrer beruflichen Laufbahn.
Chronologisch gegliedert nach:

- persönlichen Daten,
- Ausbildungsweg,
- Berufspraxis,
- besondere Kenntnisse/Qualifikationen.

Tipp: Gestalten Sie Ihren Lebenslauf ohne Vordruck individuell!

Der Lebenslauf soll **lückenlos** und **übersichtlich** gestaltet und für den Leser bezogen auf das Stellenangebot **nachvollziehbar** sein.

Lebensläufe mit Ecken und Kanten werden von Personalchefs durchaus geschätzt, wenn sie Ausweis von Engagement, Flexibilität, Teamfähigkeit und besonderen Lebens- und Berufserfahrungen sind. So genannte Patchwork-Biographien finden sich besonders in den IT-Berufen mit einer Vielzahl von Umsteigern. Wichtig ist jedoch, dass Sie selbst die Ecken und Kanten als eine Stärke sehen und auch so darstellen. Solange eine Lücke erklärbar ist, muss sie nicht gleich eine Schwachstelle sein.

Ein guter Lebenslauf enthält auf einer Seite alle wichtigen aufgabenbezogenen Qualifikationen und Erfahrungen des Bewerbers, die beim Querlesen bereits hängen bleiben.

Lücken – argumentativ überbrücken
- Berufliche Neuorientierung,
- Schulungsmaßnahme,
- Warten auf .... z. B. Schulungsmaßnahme,
- (Befristete) Projektmitarbeit,
- Saisonbeschäftigung,
- Dozententätigkeit/freie Mitarbeit,
- selbständige Berater-/Vertriebstätigkeit,
- Mitarbeit/Aushilfe/Beratung im elterlichen Betrieb,
- Mutter-(Vater-)schaftsurlaub,
- Familiäre Verpflichtungen (z. B. Pflege),
- Hausbau – Eigenleistung,
- Auslandsaufenthalt.

Im Lebenslauf können alternativ zum Bewerbungsschreiben auch der Eintrittstermin und der Gehaltswunsch angegeben werden. Jedoch nicht doppelt angeben!

Lebenslauf und Bewerbungsschreiben sind die Unterlagen, die Sie selbst erstellen, deshalb können Sie beide im Blick auf das Stellenangebot gestalten und abstimmen.

Bernd Huber
Mühlenstr. 5
70123 Stuttgart — Lichtbild
Tel. (07 11) 35 96 71

LEBENSLAUF
Persönliche Daten:
Geburtstag und -ort: .... 19. . in M.
Familienstand: verheiratet, 2 Kinder

Ausbildung:

Schulbildung:	19 . . –19 . . Grundschule M.
	19 . . –19 . . Realschule L.
Abschluss:	Fachoberschulreife
Berufsausbildung:	19 . . –19 . .
	Ausbildung zum Industriekaufmann bei der
	Firma ....
	in ....
	IHK-Abschluss Note „gut“

Weiterbildung:	19 .. –20 .. Bilanzbuchhalterprüfung mit der Note „gut“
Berufstätigkeit:	19 .. –20 ... Sachbearbeiter für Kostenrechnung
	19 .. –20 .. Sachbearbeiter in der Finanzbuchhaltung und zuständig für den Zahlungsverkehr und das Mahnwesen bei der Firma .... in ....
	seit 20 .... Leiter der Geschäftsbuchhaltung in einem mittleren Unternehmen der Baubranche
Besondere Kenntnisse:	gute Englischkenntnisse in Wort und Schrift, vertraut mit dem EDV-Buchhaltungssystem .... sowie MS Office, Führerschein Klasse II, geschickter Heimwerker
Frühester Eintrittstermin:*	.... 20 ..
Gehaltswunsch:*	Darüber möchte ich gerne bei der Vorstellung mit Ihnen sprechen. Derzeit verdiene ich Euro ....

Datum

Unterschrift

* Soweit nicht bereits im Bewerbungsschreiben angegeben.

Zeugnisse

Der lückenlose Nachweis der beruflichen Tätigkeit durch Arbeitszeugnisse ist ein wesentliches Beurteilungskriterium der Bewerbungsunterlagen.

Dabei findet neben der Leistungsbeurteilung und der Aufgabenbeschreibung die Art der Betriebe und die durchschnittliche Dauer einer Beschäftigung Beachtung. Das Ausbildungsabschluss- oder Hochschulzeugnis gehört bei Berufsanfängern ebenso zur Bewerbung wie das Schulabschlusszeugnis.

Als Nachweis können für Hochschulabsolventen auch das Vordiplom und die Vorschlagsnoten gelten, wenn das Abschlussdiplom noch nicht vorliegt.

Als Berufsanfänger müssen Sie nicht gänzlich ohne Berufserfahrung sein – wenn Sie Betriebspraktika, Ferienjobs, Auslandsaufenthalte nachweisen können. Eine freundliche Beurteilung, z. B. über Ihren Ferienjob auf Firmenpapier vom Abteilungsleiter unterschrieben, kann sehr hilfreich sein.

Handschriftprobe

Als Handschriftprobe kann neben dem handschriftlichen Lebenslauf oder Bewerbungsschreiben auch die Abschrift eines Textes mit 15 bis 20 handgeschriebenen Zeilen dienen. Wählen Sie einen unverfänglichen Text. Die wenigsten Handschriftproben werden jedoch einer graphologischen Beurteilung unterzogen. Meist hat die Handschrift als individuelles Ausdrucksmittel – „das ist seine Handschrift“ – rein informativen Wert, vergleichbar dem Lichtbild. Bei der Erstellung einer Handschriftprobe versuchen Sie nicht, schön zu schreiben und benutzen Sie ein Ihnen gewohntes Schreibgerät (also auch einen Kugelschreiber). Schreiben Sie nur in entspanntem Zustand. Wenn Ihnen das Schriftbild gefällt und Sie nichts korrigiert haben, ist die Handschriftprobe in Ordnung.

Tipp: Zeigen Sie mit einer ausgeprägten Handschrift Persönlichkeit!

Wenn Sie eine ausgeprägte Handschrift haben, die als Persönlichkeitsmerkmal überzeugend wirkt, so legen Sie Ihren Bewerbungsunterlagen eine Handschriftprobe bei, auch wenn sie nicht gefordert ist. Sie zeigen damit Schriftpersönlichkeit, die Interesse weckt. Bewerbungsschreiben und Lebenslauf sollten Sie wegen der besseren Lesbarkeit, Übersichtlichkeit und aus Platzgründen grundsätzlich maschinenschriftlich erstellen.

@WEBTIPP: www.graphologies.de

Vollständige Unterlagen

Bewerben Sie sich grundsätzlich mit Ihren vollständigen Unterlagen. Bei der großen Zahl an qualifizierten und aussagefähigen Bewerbungen gehen die Firmen selten auf Kurzbewerbungen ein.

Wenn Zeugnisse oder sonstige Unterlagen fehlen, entsteht sehr schnell der Verdacht, dass der Bewerber etwas zu verbergen hat.

Bekennen Sie sich zu Ihren bisherigen Leistungen auch dann, wenn sie nicht so überzeugend waren, und bieten Sie im Bewerbungsschreiben an, dass Sie im persönlichen Gespräch darüber sprechen werden. Wer in der Zusammenstellung seiner Unterlagen Wichtiges von Unwesentlichem trennen kann, dem gelingt dies im beruflichen Alltag zumeist auch.

Tipp: Gute Unterlagen können eine schwächere Qualifikation teilweise kompensieren!

Nutzen Sie eine Bewerbung einmal grundsätzlich dafür, Ihre Unterlagen zu ordnen, und legen Sie sich einen Bewerbungsordner mit allen Unterlagen evtl. mit mehreren Kopien an. Für eine künftige Bewerbung haben Sie dann alle Unterlagen schnell zur Hand. Legen Sie einer Bewerbung Arbeitsproben nur dann bei, wenn im Stellenangebot dazu aufgefordert wurde, und bringen Sie Proben Ihres Könnens, soweit möglich und erforderlich, zum Vorstellungsgespräch mit. Alles, was für Sie spricht und für die angebotene Stelle von Bedeutung sein kann, sollten Sie einer Bewerbung beifügen.

„Bei rund tausend Bewerbungen, die wir fast täglich bekommen, müssen die Mappen gut strukturiert sein, damit ein schneller Überblick möglich ist," erklärt Tobias Nickel, Leiter Recruiting BMW Group in einen Interview.

Unabhängig von der Branche ist von Videos oder aufwendig gestalteten CD-ROMS abzuraten, denn Multimedia-Bewerbungen kosten den Personalentscheider zu viel Zeit und Arbeit.

Wählen Sie Ihre Unterlagen mit Bedacht aus und fassen Sie diese in einer farblich neutralen Bewerbungsmappe so zusammen, dass sie hinter dem Lebenslauf nach Aussagefähigkeit angeordnet sind. Zuerst kommen die Arbeitszeugnisse, die Ihre beruflichen Stationen bestätigen, dann Ausbildungsabschlüsse und qualifizierte Nachweise über Weiterbildungsmaßnahmen und Praktika etc. Dazu kann auch die so genannte „Dritte Seite" gehören, die als eine Art Steckbrief unter dem Motto „Was Sie sonst noch über mich wissen sollten!" von Personalverantwortlichen eher skeptisch gesehen

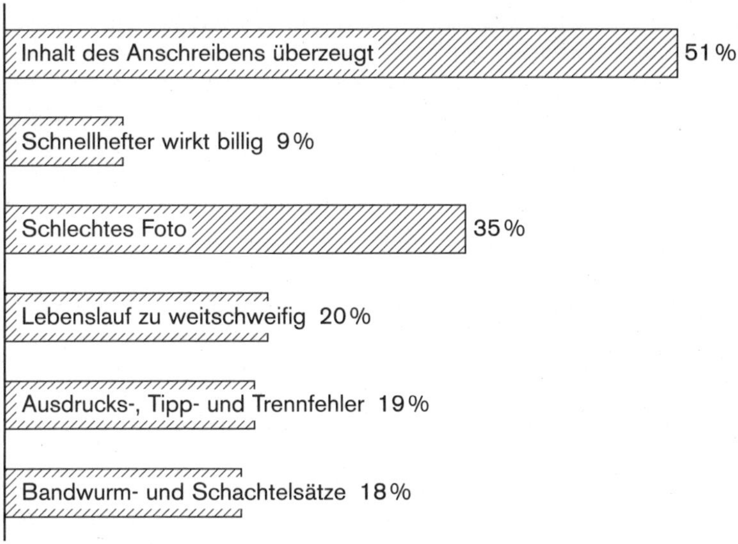

Abb.7: Plus- und Minuspunkte in Bewerbungen

wird, denn diese Art der Selbstbeschreibung wirft oft erst Fragen auf, die unbeantwortet bleiben.

Nicht mehr als 12–15 Anlagen sollte Ihre Bewerbungsmappe enthalten, denn nicht jeder Nachweis ist aussagefähig.

Vertrauliche Behandlung

Umschreiben Sie Ihren derzeitigen Arbeitgeber („Unternehmen der Baubranche“) besonders dann, wenn Sie bei Bekanntwerden Ihrer Bewerbung mit Nachteilen rechnen müssen oder wenn Sie in einer besonderen Vertrauensposition sind. Sie vermeiden so am ehesten unerwartete Rückfragen bei Ihrem derzeitigen Arbeitgeber. Generell können Sie davon ausgehen, dass Personalprofis in Großbetrieben Bewerbungen vertraulicher behandeln als Inhaber von kleinen Unternehmen.

Tipp: Umschreiben Sie Ihren derzeitigen Arbeitgeber!

Wenn Sie im Bewerbungsschreiben den Arbeitgeber umschrieben haben und um Vertraulichkeit bemüht sind, achten Sie darauf, dass auch aus den beigefügten Unterlagen, z. B. Besuch von Firmenkursen, Zwischenzeugnissen, kein Rückschluss auf Ihren derzeitigen Arbeitgeber möglich ist.

Der Empfänger von Bewerbungsunterlagen ist verpflichtet, die berechtigten Interessen des Bewerbers zu wahren. Dazu gehören insbesondere die sorgfältige Aufbewahrung der Unterlagen und ihre vertrauliche Behandlung.

Die Bewerbungsunterlagen bleiben Ihr Eigentum, und Sie können und sollten die Rücksendung fordern. Das Bewerbungsschreiben verbleibt jedoch als Geschäftsbrief im Unternehmen, sodass Sie bei der Zusammenstellung Ihrer Unterlagen das Bewerbungsschreiben von Ihren sonstigen Unterlagen trennen sollten. Zeugnisse oder sonstige schwer beschaffbare Nachweise sollten Sie nie im Original mitschicken. Dem Empfänger Ihrer Bewerbung sind Kopien lieber als Originale. Er trägt die Verantwortung für Ihre Unterlagen. Lediglich bei einer Bewerbung bei staatlichen Stellen kann es erforderlich sein, dass Ihre Unterlagen beglaubigt sein müssen. Wenn dies aus dem Stellenangebot nicht hervorgeht, ist eine Beglaubigung nicht erforderlich.

So präsentieren Sie übersichtlich und aussagefähig Ihre Unterlagen:

(1) Erstellen Sie keine Formschreiben oder standardisierte Bewerbungsschreiben! – Eine Bewerbung ist keine Massendrucksache!

(2) Schicken Sie keine Unterlagen aus 2. Hand, denen man ansieht, dass Sie bereits woanders vorgelegen haben! Der Empfänger soll den Eindruck haben, dass die Unterlagen extra und exklusiv für ihn zusammengestellt wurden!

(3) Schicken Sie keine Loseblatt-Sammlung, sondern erstellen Sie eine Bewerbungsmappe!

(4) Ordnen Sie die einzelnen Unterlagen systematisch ein! Chronologisch und/oder nach Abschnitten!

(5) Beschränken Sie die Zahl der Anlagen!

(6) Erwähnen Sie das Fehlen wichtiger Unterlagen mit einer plausiblen Erklärung im Anschreiben!

(7) Schicken Sie grundsätzlich keine Originale!

(8) Behandeln Sie eine Bewerbung als jeweils einmaligen Vorgang! Dauerbewerbern sieht man die „Routine“ an!
(9) Benutzen Sie für den Postversand einen Umschlag DIN C4 und frankieren Sie unbedingt ausreichend! – Ein Strafporto kann Sie teuer zu stehen kommen!
(10) Legen Sie sich einen Bewerbungsordner an!

2.6 Wie Ihr Arbeitszeugnis beurteilt wird

Als Helmut Lobesam sein Arbeitszeugnis las, war er hoch zufrieden, stand da doch:

> „Wir haben Herrn Lobesam als sehr beweglichen Mitarbeiter kennen gelernt, der sich seinem Aufgabenbereich mit besonderem Fleiß und Interesse gewidmet hat. Er war stets bemüht, die ihm übertragenen Aufgaben in seinem und im Interesse der Firma zur vollsten Zufriedenheit zu erledigen. Durch seine Geselligkeit und freundliche Art war er im Betrieb allseits geschätzt. Wir verlieren mit ihm einen Mitarbeiter von außergewöhnlicher Kontaktfreudigkeit, der stets ein starkes Einfühlungsvermögen für die Belange der Belegschaft bewiesen hat.“

Doch bestätigt wurde ihm – auf einen kurzen Nenner gebracht – dass er ein unfähiger Mitarbeiter und versoffener Weiberheld war, der wie ein Rabe stahl. Helmut Lobesam war seiner Aufgabe nicht gewachsen (eine Leistungsbeurteilung fehlt), hat seinen Arbeitgeber bestohlen („in seinem Interesse“), hatte Alkoholprobleme („Geselligkeit... allseits geschätzt“) und war ständig auf der Suche nach Sexkontakten („starkes Einfühlungsvermögen... außerordentliche Kontaktfreudigkeit“).

Einfaches und qualifiziertes Zeugnis

Für jeden abhängig Beschäftigten ist der Beleg über Art und Dauer seiner Beschäftigung (im einfachen Zeugnis) sowie der Nachweis über erbrachte Leistungen und über die Beurteilung seines Verhaltens (im qualifizierten Zeugnis) bei einem Stellenwechsel wichtig.

Der Gesetzgeber räumt jedem Arbeitnehmer bei Beendigung seines Arbeitsverhältnisses den Anspruch auf ein Arbeitszeugnis ein (§ 630 Bürgerliches Gesetzbuch, § 73 Handelsgesetzbuch, § 113 Gewerbeordnung). Das Zeugnis muss entsprechend seiner Bedeutung als Urkunde „seiner äußeren Form nach gehörig" gestaltet sein, wie das Bundesarbeitsgericht feststellt (AZ: 5 AZR 182/92) und etwa eineinhalb Seiten umfassen. Die Ausstellung eines qualifizierten Zeugnisses muss der Arbeitnehmer ausdrücklich verlangen; trotzdem ist es nicht üblich, dass ein Arbeitnehmer beim Ausscheiden lediglich ein einfaches Zeugnis erhält. Jeder Arbeitgeber wird ein Arbeitszeugnis, in dem eine Leistungs- und Verhaltensbeurteilung fehlt, mit großer Skepsis zur Kenntnis nehmen. Dem Arbeitnehmer bietet sich jedoch die Möglichkeit, sich ein einfaches Zeugnis, d. h. ohne Leistungs- und Verhaltensbeurteilung, ausstellen zu lassen, wenn er ein schlechtes „qualifiziertes" nicht verhindern kann – als kleineres Übel. Das Arbeitszeugnis dient dem Bewerber als Nachweis für seine Leistung und sein Verhalten und soll einen Dritten, der die Anstellung des Zeugnisinhabers in Erwägung zieht, möglichst vollständig unterrichten. Das Arbeitszeugnis sollte spätestens sechs Monate nach Ende der Tätigkeit eingefordert werden, da sonst nach einem Urteil des Arbeitsgerichts Frankfurt der Anspruch verfallen kann (Az: 15 CA 10684/03).

Zwischen Wahrheit und Wohlwollen

Die Wahrheitspflicht ist oberster Grundsatz jeder Zeugniserteilung. Das Zeugnis soll alle wesentlichen Tatsachen und Bewertungen enthalten, die für die Gesamtbeurteilung des Arbeitnehmers von Bedeutung sind.

Dies bedeutet aber nicht, dass der Arbeitgeber schonungslos ungünstige Vorkommnisse offenbaren muss und darf. Vielmehr soll das Zeugnis „vom verständigen Wohlwollen für den Arbeitnehmer getragen sein" und sein Fortkommen nicht unnötig erschweren.

Ein Arbeitszeugnis darf nicht enthalten:
- den Kündigungsgrund, wenn das für das berufliche Fortkommen des Arbeitnehmers nachteilig ist
- Angaben über Krankheit und Fehlzeiten
- den Verdacht, auch dringenden Verdacht, strafbarer Handlungen
- Zugehörigkeit zum Betriebsrat oder politischen Organisationen

Bei der Bewertung der Leistungen ist der Arbeitgeber frei, welche positiven oder negativen Leistungen er mehr hervorheben will. Das Zeugnis darf nur nichts Falsches enthalten; es darf auch nichts auslassen, was der Leser erwartet (Bundesarbeitsgericht AZ 3720/75). Bewertet der Arbeitgeber die Leistungen eines Arbeitnehmers im Zeugnis mit „zu unserer Zufriedenheit", so bringt er damit zum Ausdruck, der Arbeitnehmer habe unterdurchschnittliche, aber ausreichende Leistungen erbracht (Landesarbeitsgericht Frankfurt – 12/13 Sa 1766/86). Bei Schwachstellen im Zeugnis ist es für Sie wichtig, dass Sie diese kennen und auf diesbezügliche Fragen eine überzeugende Antwort bereithalten oder die Schwachstelle schon im Bewerbungsschreiben ansprechen bzw. eine persönliche Erklärung anbieten: „Die Gründe für mein vorzeitiges Ausscheiden bei der Firma XY nenne ich gerne im persönlichen Gespräch."

Tipp: Bieten Sie für mögliche Schwachstellen eine persönliche Erklärung an!

Das beste Argument gegen ein schlechtes Zeugnis älteren Datums ist ein erstklassiges Zeugnis neueren Datums („enorm, wie sich der Mann/die Frau gesteigert hat"). Ein schlechtes Zeugnis wertet jede künftige Bewerbung ab.

Zeugnisse stammen aus Quellen, die für die Erteilung sehr unterschiedlich qualifiziert sind. Und mancher Arbeitnehmer ist schon über gut gemeinte, aber missverständliche Passagen in seinem Arbeitszeugnis gestolpert.

Machen Sie sich daher selbst sachkundig und helfen Sie bei der Formulierung, wenn Ihr Vorgesetzter ungeübt im Zeugnisschreiben ist. Die Praxis zeigt eine so unterschiedliche Struktur der Zeugnisschreiber und Zeugnisleser, dass man von einer allgemein gültigen Zeugnissprache nicht ausgehen kann.

Erste Methode: Formulierungsskala

Als Resümee der Leistungsbeurteilung ist eine Skala von Bewertungen üblich geworden, die in keinem Arbeitszeugnis fehlen darf, denn sie ist der Kern eines jeden Arbeitszeugnisses.

Formulierungsskala

- **sehr gute Leistungen:** Er hat die ihm übertragenen Aufgaben stets zu unserer vollsten Zufriedenheit erledigt.
- **gute Leistungen:** Er hat die ihm übertragenen Aufgaben stets zu unserer vollen Zufriedenheit erledigt.
- **ohne Lob und Tadel:** Er hat die ihm übertragenen Aufgaben stets zu unserer Zufriedenheit erledigt./Er hat die ihm übertragenen Aufgaben zu unserer vollen Zufriedenheit erledigt.
- **durchschnittlich bis unbefriedigende Leistungen:** Er hat die ihm übertragenen Aufgaben zu unserer Zufriedenheit erledigt.
- **schlechte Leistungen:** Er bemühte sich, die ihm übertragenen Aufgaben zu unserer Zufriedenheit zu erledigen.

Zweite Methode: Spezialformulierungen

Dies sind Formulierungen, die ergänzend zur genannten Bewertungsskala die Leistungen und das Verhalten in einem Arbeitszeugnis bestätigen und betonen oder auch abschwächen. Deshalb müssen diese Formulierungen im Zeugniskontext und im Blick auf das beurteilte Arbeitsgebiet gesehen werden. Ein Verkäufer, dem die „ordnungsgemäße" Erledigung seiner Arbeit bestätigt wird, war sicherlich fehl an diesem Platz. Bei einem Buchhalter wird diese Aussage die positive Bewertung seiner Arbeit bestätigen.

Verschlüsselte Zeugnisaussage	**Bedeutung**
Er bemühte sich, den Anforderungen gerecht zu werden.	Er hat versagt.
Er hat versucht, die ihm gestellten Aufgaben zu lösen.	Die Versuche verliefen ohne Erfolg.
Er hatte Gelegenheit, alle lohnbuchhalterischen Arbeiten zu erledigen.	Die Gelegenheit war zwar vorhanden, der Erfolg blieb jedoch aus.
Er erledigte seine Aufgaben mit beachtlichem Interesse.	Eifer war zwar vorhanden, die Ergebnisse enttäuschten jedoch.
Er hat alle Arbeiten ordnungsgemäß erledigt.	Er war ein Bürokrat, der keine Eigeninitiative entwickelte.
Er hat sich im Rahmen seiner Fähigkeiten eingesetzt.	Er hat getan, was er konnte, aber das war nicht viel.

Er zeigte für seine Arbeit Verständnis.	Er war faul und hat nichts geleistet.
Durch seine Geselligkeit trug er zur Verbesserung des Betriebsklimas bei.	Er neigte zu übertriebenem Alkoholgenuss.
Im Kollegenkreis galt er als toleranter Mitarbeiter.	Für Vorgesetzte war er ein schwerer Brocken.
Er besaß eine außerordentliche Kontaktfähigkeit.	Er suchte ständig Sexkontakte.

Dritte Methode: Vielsagendes Verschweigen

Wenn etwas nicht im Arbeitszeugnis steht, so kann dies manchmal mehr aussagen als umständliche Verschlüsselungen. Jedoch wird die Methode des vielsagenden Verschweigens fast ausschließlich bei Vertrauenspositionen angewandt. Einer Sekretärin oder einem Direktionsassistenten, die Zugang zu vertraulichen Unterlagen der Geschäftsführung haben, muss die Vertrauenswürdigkeit oder Loyalität ausdrücklich im Arbeitszeugnis bestätigt sein; ebenso darf bei einem Kassierer oder einer Buchhalterin die Qualifizierung als „zuverlässig“ oder „korrekt“ nicht fehlen.

In der Beurteilung eines Mitarbeiters, dem bestätigt wird, dass er „sein Bestes“ gegeben hat und „freundlich, hilfsbereit, und ohne jeden Tadel war“, fehlt das Wichtigste – nämlich die Beurteilung seiner Arbeitsleistung. Sein Bestes ist nicht das Beste. Eine überstarke Betonung von „sekundären“ Charaktereigenschaften, wie Fleiß, Gehorsam, Pünktlichkeit, Freundlichkeit, Hilfsbereitschaft etc., mag dem Beurteilten zwar schmeicheln, dabei übersieht er jedoch, was verschwiegen wird und was letztlich zählt – seine Leistung und die Ergebnisse seiner Arbeit.

Nicht nur die Leistung zählt

Bei der Beurteilung seines Arbeitszeugnisses interessiert den Arbeitnehmer häufig nur eine gute Bewertung seiner Leistung. Ein künftiger Arbeitgeber kann sich aber nur aus einer genauen und ausführlichen Aufgabenbeschreibung ein aussagefähiges Bild machen, ob der/die Bewerber(in) der richtige Mann/die richtige Frau ist. Außerdem können Sie aus einer ausführlichen Aufgabenbeschreibung Ihres Arbeitszeugnisses leichter und besser Argumente und Nachweise für Ihre Bewerbung gewinnen.

Tipp: Achten Sie auf eine aussagefähige Aufgabenbeschreibung!

Bei einer Führungskraft müssen die Führungsqualitäten bei der Beschreibung der Arbeitsleistung mitbeurteilt werden. Ein qualifiziertes Zeugnis muss eine genaue Auskunft über das Führungsverhalten des beurteilten Mitarbeiters geben.

So darf ein Hinweis auf die Führungsergebnisse, die sich in den Auswirkungen auf die Mitarbeiter und auf den Betriebserfolg ausdrücken und darauf, wie diese Ergebnisse zustande kamen, nicht fehlen. Dabei sollte auch auf Führungsstil und -technik eingegangen werden. Enthält das Arbeitszeugnis einer Führungskraft keine Angaben über die Führungsqualitäten oder lediglich eine zusammenfassende pauschale Leistungsbeurteilung, so ist es unvollständig und deshalb unrichtig. Nur ein Arbeitszeugnis, das auch den Grundsatz der Vollständigkeit und der Individualität erfüllt, entspricht den gesetzlichen Vorschriften.

Für die Zukunft alles Gute

Je persönlicher und individueller ein Arbeitszeugnis gehalten ist, umso besser ist es zu beurteilen. Zwischen dem Satz „Das Arbeitsverhältnis endet auf seinen Wunsch mit dem heutigen Datum." oder der Aussage „Herr Maier verlässt uns auf eigenen Wunsch, um sich einer größeren Aufgabe zu widmen. Wir bedauern sein Ausscheiden außerordentlich und danken ihm für seine langjährige hervorragende Mitarbeit. Für die Zukunft wünschen wir ihm alles Gute." liegt eine beachtliche indirekte Gestaltungsmöglichkeit für ein Arbeitszeugnis. In diesen persönlich gehaltenen Formulierungen zeigt sich die besondere Wertschätzung für den ausscheidenden Mitarbeiter.

Verlangen Sie ein Zwischenzeugnis

Besonders beim ersten Stellenwechsel erhalten Sie in der Regel ein Arbeitszeugnis erst dann, wenn Sie es für Ihre Bewerbung nicht mehr brauchen, und es gibt Arbeitnehmer, die auch nach zehnjähriger Berufstätigkeit noch kein Arbeitszeugnis vorweisen können.

Der Arbeitgeber ist zwar gesetzlich nur zur Ausstellung eines Abgangszeugnisses verpflichtet, jedoch sehen einzelne Tarifverträge die Ausstellung eines Zwischenzeugnisses **aus wichtigem Grund** vor.

Sofern der Arbeitnehmer ein berechtigtes und anzuerkennendes Interesse hat, ist ihm unabhängig von der Kündigung oder Beendigung eines Arbeitsverhältnisses ein Zwischenzeugnis auszustellen. Die Erstellung eines Zwischenzeugnisses bzw. eines vorläufigen Zeugnisses ergibt sich als Nebenpflicht aus dem Arbeitsvertrag.

Wichtige Gründe für ein Zwischenzeugnis

- Teilnahme an einer Fortbildung,
- Wechsel des bisherigen Vorgesetzten,
- Versetzung, wesentliche Änderung des Arbeitsgebietes,
- wesentliche Änderung der Arbeitsmittel, des Arbeitsablaufes (neue Software),
- Beantragung von Erziehungsurlaub,
- Einberufung zum Wehr- oder Zivildienst,
- Bewerbung um eine neue Stelle.

Ein Zwischenzeugnis zu fordern, erzeugt Misstrauen bei Vorgesetzten. Nennen Sie deshalb einen wichtigen Grund und nutzen Sie eine passende Gelegenheit (z. B. wenn Sie eine Arbeit erfolgreich beendet haben).

Argumentieren Sie, dass Sie für sich eine Erfolgskontrolle wollen bzw. weisen Sie auf die Praxis jährlicher Leistungsbewertungen in anderen Unternehmen hin.

Tipp: Argumentieren Sie gegen das Vorurteil, dass Sie kündigen wollen!

Als Ersatz für ein Zwischenzeugnis kann auch eine Tätigkeitsbeschreibung, Stellenbeschreibung oder eine interne Beurteilung für eine Bewerbung dienen. In einer möglichen Auseinandersetzung über Ihre Zuständigkeit und Ihr Aufgabengebiet kann ein Zwischenzeugnis – unabhängig von einer Kündigungsabsicht – auch zur Sicherung Ihres Aufgabengebietes oder Ihres Arbeitsplatzes dienen.

Schreiben Sie Ihr Zeugnis selbst

Es ist nicht ungewöhnlich, dass Ihr Vorgesetzter Sie auffordert, selbst einen Entwurf für Ihr Arbeitszeugnis zu formulieren.

Dies ist eine gute Chance für Sie, Einfluss auf die Darstellung eines qualifizierten und für Ihre eigene Berufsplanung wichtigen Aufgabenbereiches zu nehmen.

Ihr Entwurf darf sich jedoch nur auf die Aufgabenbeschreibung beziehen. Die Beurteilung Ihrer Leistungen und Ihres Verhaltens überlassen Sie dem Arbeitgeber.

Dabei sind die Schlüsselbegriffe: **Selbständigkeit, Erfahrung, Schwierigkeit, Verantwortlichkeit/Zuständigkeit** entscheidend. Die Beschreibung der entsprechenden Tarifgruppe im Tarifvertrag kann Ihnen als Hilfe bei der Formulierung dienen.

Ein Mitarbeiter, der „schwierige Aufträge eigenverantwortlich abwickelt" oder „selbständig technische Problemlösungen erarbeitet", sollte dies auch in seinem Arbeitszeugnis stehen haben.

Zeugnisse stehen Ihnen zu. Sie müssen ihr berufliches Fortkommen erleichtern, jedoch wahr sein. Es liegt auch an Ihrem eigenen Engagement, ein aussagefähiges und auf Ihre beruflichen Ziele ausgerichtetes qualifiziertes Zeugnis zu erhalten.

Tipp: Lassen Sie Ihr Zeugnis von der Geschäftsleitung unterschreiben!

Je höher der Unterzeichnende Ihres Zeugnisses in der Unternehmenshierarchie steht, desto besser für die Beurteilung. Achten Sie deshalb darauf, dass es möglichst von der Geschäftsleitung unterschrieben wird. Ein gutes Zeugnis bringt Ihnen zunächst Vorteile bei Ihrer schriftlichen Bewerbung. Im Vorstellungsgespräch müssen Sie die Erwartungen, die das Zeugnis hervorgerufen hat, jedoch bestätigen können.

Wehren Sie sich gegen ein unrichtiges Zeugnis

Wenn Sie durch Ihren Vorgesetzten unrichtig beurteilt worden sind oder Ihr Zeugnis unvollständig ist, sollten Sie sich dagegen wehren, denn dies kann Ihren weiteren Berufsweg erheblich zu Ihrem Nachteil beeinflussen (siehe dazu im Anhang das Arbeitsblatt: **Zeugnisanalyse**).

Entscheidend ist zunächst der Zeitpunkt, zu dem Sie feststellen, dass Ihr Zeugnis unrichtig oder unvollständig ist.

Grundsätzlich müssen Sie Ihren Berichtigungsanspruch unmittelbar nach Erhalt des Zeugnisses geltend machen. Nach einem Urteil des Landesarbeitsgerichts Rheinland-Pfalz muss der Berichtigungsanspruch innerhalb von fünf bis maximal zehn Monaten geltend gemacht werden (Az: 1 Sa 1433/01).

Dabei ist folgende Vorgehensweise zu empfehlen:

- Sprechen Sie zunächst mit Ihrem unmittelbaren **Vorgesetzten**, der das Zeugnis erstellt hat, und legen Sie ihm sachlich die Gründe dar, weshalb Ihrer Meinung nach das Zeugnis nicht richtig oder unvollständig ist.
- Überlegen Sie sich Argumente aus Unterlagen wie Arbeitsplatzbeschreibung, Tätigkeitsnachweise, Beurteilungen etc. und aus dem widersprüchlichen Verhalten Ihres Vorgesetzten (Lob vor Kollegen, Gehaltserhöhung, keine Kritik).
- Konfrontieren Sie Ihren Vorgesetzten mit den möglichen Folgen dieses schlechten/unrichtigen Arbeitszeugnisses für Sie persönlich.
- Sprechen Sie erst danach die **Personalabteilung** an, und deuten Sie an, dass man Ihnen wegen der Konsequenzen für Ihren Berufsweg geraten hat, vor das Arbeitsgericht zu gehen.
- Erst wenn Sie sich mit dem Arbeitgeber nicht einigen können, sollten Sie die Klage beim zuständigen **Arbeitsgericht** erwägen oder einreichen.

> **Tipp:** Nicht ein schlechtes, sondern ein unrichtiges Zeugnis muss geändert werden – beachten Sie den Unterschied!

Die Beweispflicht, dass das erteilte Zeugnis richtig und vollständig ist, hat der Arbeitgeber. Die Beweislast kehrt sich jedoch um, wenn Sie das Zeugnis zunächst widerspruchslos angenommen haben und erst nach Wochen eine Änderung erwirken wollen – weil Sie zum Beispiel keinen Erfolg bei Bewerbungen hatten.

Dann gilt der Grundsatz, dass Sie darlegungs- und beweispflichtig dafür sind, dass eine unrichtige Leistungsbeurteilung oder die unvollständige Beschreibung Ihres Aufgabenbereiches im Arbeitszeugnis Sie geschädigt hat.

Verzichtet ein Arbeitnehmer beim Ausscheiden auf ein Zeugnis, sei es schriftlich oder unter Zeugen, verliert er für immer den Anspruch auf eine Beurteilung.

@WEBTIPP: www.arbeitszeugnisse.de

ZEUGNIS

Herr Bernd Huber, geboren am .... 19. . in .... war vom .... 19. . bis .... 20. . in unserer Firma als Buchhalter tätig.

Sein Aufgabengebiet umfasste alle buchhalterischen Arbeiten bis zur selbständigen Erstellung der Jahresbilanz.

Herr Huber war zuständig für die Geschäftsbuchhaltung einschließlich in- und ausländischem Zahlungsverkehr. Weiterhin bearbeitete er schwierige Mahnverfahren.

Er entwickelte im Zusammenhang mit der Umstellung der Buchhaltung auf EDV ein integriertes System betrieblicher Kennzahlen, das für die betrieblichen Entscheidungen unentbehrlich geworden ist. Teil dieses Systems ist die Erfolgsrechnung, die Herr Huber monatlich erstellte.

Herrn Huber wurde 19. . Handlungsvollmacht erteilt.

Die ihm übertragenen Aufgaben löste Herr Huber auch unter schwierigen terminlichen Verhältnissen stets zu unserer vollen Zufriedenheit.

Sein Durchsetzungsvermögen und seine Fähigkeit, sich auf neue Situationen einzustellen, gaben seiner Arbeit einen überdurchschnittlichen Wirkungsgrad. Dies bestätigte sich vor allem bei der finanztechnischen Abwicklung unserer Auslandsprojekte.

Sein Verhalten gegenüber Vorgesetzten, Kollegen und Geschäftspartnern war geprägt von sachlicher Kompetenz und einem hohen Maß an Kooperationsbereitschaft. Seine fachliche und menschliche Vertrauenswürdigkeit verdient besondere Erwähnung.

Herr Huber verlässt unsere Firma auf eigenen Wunsch. Wir danken ihm für seine wertvolle Mitarbeit und wünschen ihm für seinen weiteren Berufsweg viel Erfolg.

Checkliste: Zeugnisinhalt

Ein qualifiziertes Zeugnis sollte folgende Punkte beinhalten:

- Persönliche Daten wie: Vorname, Familienname, ggf. Mädchenname, Geburtsdatum, Geburtsort, Wohnort – akademische Titel (falls gegeben)
- Dauer des Beschäftigungsverhältnisses

- Angaben über alle (wichtigen) Aufgaben und Arbeitsplätze, Veränderungen des Aufgabengebiets, Wechsel des Arbeitsplatzes, Auslandsaufenthalte usw.
- Darstellung der persönlichen Entwicklung oder Laufbahn, durchlaufene hierarchische Positionen
- Beschreibung der derzeitigen Aufgaben
- Beschreibung von Sonderaufgaben, auch aus früherer Zeit, konkrete Erfolge
- Besondere Kenntnisse, die über das eigentliche Arbeitsgebiet hinausgehen
- Beurteilung der Leistungen aus quantitativer und qualitativer Sicht
- Beurteilung des persönlichen Einsatzes und der Weiterbildungsinitiativen
- Beurteilung der Vertrauenswürdigkeit, Loyalität, des Verhaltens und der Führungsfähigkeit
- Begründung der Beendigung des Arbeitsverhältnisses
- Bedauern über das Ausscheiden
- Dank für geleistete Arbeit
- Gute Wünsche für die Zukunft

So wird Ihr Arbeitszeugnis ein förderliches Dokument für Ihren Berufsweg:

(1) Nutzen Sie jede Möglichkeit, um zu einem Nachweis über Ihre Leistung/Ihr Arbeitsgebiet zu kommen!

(2) Nehmen Sie Einfluss auf die qualifizierte Darstellung Ihres Arbeitsgebietes! Besonders, wenn sich die Gelegenheit bietet!

(3) Achten Sie sowohl auf eine aussagefähige Aufgabenbeschreibung als auch auf eine richtige Leistungsbeurteilung!

(4) Wehren Sie sich gegen ein unrichtiges oder unvollständiges Zeugnis!

(5 Machen Sie Ihre Ansprüche unverzüglich geltend!

(6) Achten Sie auf mögliche Schwachstellen in Ihrem Arbeitszeugnis und überlegen Sie sich akzeptable Begründungen!

(7) Fügen Sie einer Bewerbung alle Arbeitszeugnisse bei – auch die weniger guten!

(8) Gewinnen Sie aus Ihrem Arbeitszeugnis Argumente und Nachweise für Ihre Bewerbung!

Kapitel 3. Die überzeugende Vorstellung

Vielleicht haben Sie ein Vorstellungsgespräch schon hinter sich, ohne es gemerkt zu haben, denn im Rahmen des E-Recruiting werden Erstgespräche in naher Zukunft nicht mehr persönlich, sondern virtuell über das Internet stattfinden. Aus Kostengründen werden bereits heute Bewerbergespräche mit ausländischen Kandidaten per Videokonferenz durchgeführt.

Oder Ihr Erstkontakt erfolgte über Ihre telefonische Voranfrage (siehe Kap. 2.2), die sich zum Telefoninterview ausweitete.

Das Vorstellungsgespräch findet von allen Auswahlverfahren bei Bewerbern die größte Zustimmung.

Für den Arbeitgeber ist es das wichtigste Auswahlinstrument, sodass es von Vorteil ist, wenn man weiß, worauf Personalchefs achten.

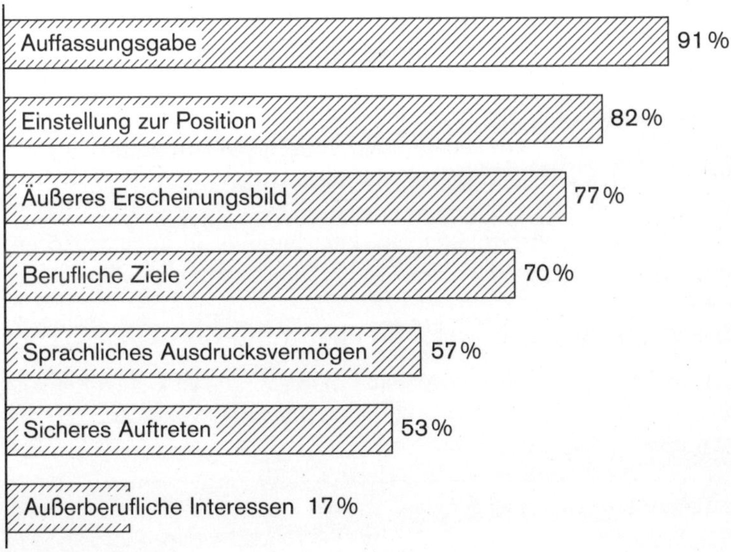

Abb. 8: Worauf es im Vorstellungsgespräch ankommt

Die Einladung zum Vorstellungsgespräch ist zunächst ein wichtiger Erfolg, denn in der „Papierform“ konnte dieser Bewerber überzeugen. In der Vorauswahl hat sich der Arbeitgeber für ihn entschieden. Im Vorstellungsgespräch wird er durch gezielte Fragetechnik abschließend überprüfen, ob der Bewerber den Anforderungen der Stelle und seinen Erwartungen an die Person entspricht.

Dies führt manchmal dazu, dass Bewerber bewusst unter Stress gesetzt werden, um ihr Verhalten und ihre Belastbarkeit zu testen.

Von Unhöflichkeiten wie zu langem Warten bis hin zu provozierender, beleidigender Gesprächsführung eines so genannten Stressinterviews reicht das Instrumentarium bewusster Verunsicherung der Bewerber.

Ein Bewerber muss manchmal auf einiges gefasst sein, aber mit einer guten Vorbereitung können Sie selbstbewusst in das Vorstellungsgespräch gehen – schließlich hat sich der Betrieb für Sie (vor)entschieden.

3.1 Wie Sie das Vorstellungsgespräch führen

Vom Multimilliardär Rockefeller wird die Story erzählt, er habe am Besucherstuhl vor seinem Schreibtisch die vorderen Beine ein kleines Stück absägen lassen. Auf diese Weise wollte er bei seinen Besuchern das Gefühl der Unterlegenheit verstärken.

Das Gefühl, vom Stuhl zu rutschen, beschleicht auch manchen, der sich zum ersten Mal einem Vorstellungsgespräch stellt.

Die Einladung ist ein erster Erfolg

Doch die Einladung zum Vorstellungsgespräch ist zuallererst eine Bestätigung für Ihren Erfolg; hat sich der Arbeitgeber doch in der Vorauswahl für Sie entschieden.

> **Tipp:** Bauen Sie darauf auf, dass sich der Arbeitgeber für Sie (vor-)entschieden hat!

In der Papierform hat Ihre Bewerbung überzeugt, und das Konzept einer aktiven und argumentativen Bewerbung ist auch für die persönliche Vorstellung tragend. Das Ziel eines Vorstellungsgespräches aus betrieblicher Sicht ist:

- Gewinnung eines persönlichen Eindruckes vom Bewerber,
- Feststellung von klärenden Fakten, welche die Unterlagen vervollständigen oder erweitern,
- Ermittlung der Erwartungen und Ziele des Bewerbers und gegebenenfalls Korrektur unrealistischer Erwartungen,
- Bewertung der Fähigkeiten, Fertigkeiten und Motivation für die Position,
- Feststellung der Integrationsfähigkeit in die vorgesehenen Arbeitsgruppe sowie des Eignungspotentials. Insgesamt soll dabei festgestellt werden, ob eine künftige Zusammenarbeit für beide Seiten vorteilhaft ist.

Um dieses Ergebnis zu erzielen, führt der Arbeitgeber ein ausführliches Gespräch und wird dabei durch eine gezielte Fragetechnik versuchen, möglichst alle wichtigen Informationen zu erhalten.

Tabus: Hier sollten Sie unbedingt aufpassen!

- **Die alte Firma:** Selbst wenn Ihr bisheriger Betrieb grauenhaft ist: Lassen Sie sich nicht hinreißen, aus dem Nähkästchen zu plaudern – das wirkt (und ist) unseriös und illoyal.
- **Alkohol:** Am besten lehnen Sie jedes alkoholische Getränk ab, auch wenn Ihr Gesprächspartner etwas trinkt.
- **Zigaretten:** Nur wenn der Gesprächspartner selbst zur Zigarette greift, können Sie sich eine anzünden. Wer auf Nummer sicher gehen will, lässt es auch dann.
- **Private Probleme:** Dauerclinch mit dem Partner oder andere Spannungen in der Familie – das sollten Sie nie zum Thema machen. Weichen Sie direkten Fragen danach höflich aus.

Folgender Informationsaustausch sollte in einem Vorstellungsgespräch zwischen Ihnen und Ihrem Gesprächspartner sichergestellt werden:

Informationen über Sie:
- Ausbildung und Weiterbildung,
- Berufserfahrung und berufliches Interesse,
- Gründe für den angestrebten Stellenwechsel,
- Einstellung zum Beruf und Aufstiegsmotivation,
- Herkunft, Kindheit, familiäre Situation,
- Finanzielle Forderung und berufliche Erwartung,
- Gesundheitszustand.

Informationen über das Unternehmen:
- Unternehmen,
- Arbeitsplatz,
- Arbeitszeit,
- Vorgesetzte, Kollegen, Mitarbeiter,
- Gehaltssystem und Einstellgehalt,
- Sonstige materielle Leistungen,
- Weiterbildungs- und Entwicklungsmöglichkeiten,
- Personalführungsgrundsätze.

Mit verteilten Rollen

Zur Vorbereitung einer souveränen Gesprächsführung gehört auch, dass Sie wissen, mit wem Sie es zu tun haben. Erkundigen Sie sich deshalb nach Namen und Funktionen Ihrer Gesprächspartner.

Fragen Sie bei Ihrer Anmeldung im Vorzimmer nach, wer an dem Gespräch teilnehmen wird. Jeder Gesprächspartner wird positiv vermerken, wenn Sie ihn mit Namen ansprechen.

Tipp: Erkundigen Sie sich, wer am Einstellungsgespräch teilnimmt!

Der **Vertreter der Personalabteilung** fungiert als Gastgeber und wird vor allem Ihre Persönlichkeit beurteilen. Er informiert Sie über das Unternehmen und seine Personalpolitik. Er klärt die Konditionen, zu denen eine Einstellung möglich wäre, und berät schließlich die Fachabteilung bei ihrer Entscheidung.

Der **Vertreter der Fachabteilung** beurteilt vorrangig Ihre fachliche Qualifikation und informiert Sie über die zu besetzende Stelle und die Erwartungen an den neuen Mitarbeiter, über die vorgesehene

Einarbeitung und die weiteren Entwicklungsmöglichkeiten. Er trifft die Personalentscheidung nach Beratung mit dem Vertreter der Personalabteilung oft vorbehaltlich der Zustimmung der Geschäftsleitung.

Die **Geschäftsleitung** bleibt häufig im Hintergrund und bestätigt die Personalentscheidung der Fachabteilung, wenn sie von der Personalabteilung mitgetragen wird. Bei besonders interessanten Kandidaten und bei Konditionen, die den Kompetenzrahmen der Personal- und Fachabteilung überschreiten, wird die Geschäftsleitung selbst am Vorstellungsgespräch teilnehmen.

Je höher Ihre Gesprächspartner in der betrieblichen Hierarchie stehen, umso kompetenter können sie Ihnen auch Zusagen machen. Dies kann vor allem bei mündlichen Zusagen wichtig sein, auf die Sie sich in wichtigen Vertragspunkten jedoch nicht einlassen sollten.

Qualifizierte Bewerber für den **öffentlichen Dienst** müssen damit rechnen, dass sie sich einem **größeren Gremium** vorstellen. Dies gilt auch für Bewerber bei öffentlichen und gemeinnützigen Einrichtungen und Organisationen, z. B. in der Trägerschaft eines eingetragenen Vereins (e. V.).

Wundern Sie sich deshalb nicht, wenn Sie in diesem Fall einem Kreis von 10 bis 15 Personen gegenübersitzen.

Pünktlichkeit ist (k)eine Zier

10 Minuten vor dem verabredeten Termin sind besser als Pünktlichkeit auf die Minute, damit Sie sich noch innerlich sammeln und äußere Eindrücke aufnehmen können. Im Firmengebäude angekommen, brauchen Sie evtl. noch Zeit, um im Labyrinth der Flure das richtige Büro zu finden.

Vermeiden Sie alles, was Sie zusätzlich psychisch unter Druck setzt, vor allem Zeitnot durch Unpünktlichkeit. Sicherheit in einer Stresssituation können Sie dadurch gewinnen, indem Sie sich mit der Umgebung vertraut machen und bewusst äußere Eindrücke aufnehmen.

Tipp: Vermeiden Sie selbstverursachten Stress aus Zeitdruck!

Wenn Sie bei dieser Gelegenheit sehen, dass die Firma anbaut oder einen Neubau erstellt, fragen Sie im Gespräch danach. Ihre Gesprächspartner werden Ihr Interesse und Ihre Aufmerksamkeit wohlwollend zur Kenntnis nehmen.

Auch der beiläufige Blick in ein Büro, in dem Sie Ihnen vertraute Arbeitsmittel sehen, kann einen wirkungsvollen Anknüpfungspunkt im Gespräch bringen.

Pünktlichkeit gilt für beide Gesprächspartner – allerdings können betriebliche Vorfälle den Zeitplan durcheinander bringen. Ein Arbeitgeber, der einen Bewerber ohne einleuchtenden Grund und Entschuldigung über Gebühr warten lässt, empfiehlt sich nicht sonderlich.

Wenn Sie länger als 20 Minuten warten müssen, sollten Sie sich bemerkbar machen.

Ein Konzept, das für Sie spricht

Mit der Einladung zum Vorstellungsgespräch ist die wichtigste erste Hürde genommen, aber das Rennen noch nicht gelaufen.

Bei aller Taktik, die Sie sich möglicherweise überlegt haben, bleibt eine gute Vorbereitung auf das Vorstellungsgespräch entscheidend.

Durch Ihr Vorstellungskonzept und durch Ihr Verhalten können Sie den Ablauf des Vorstellungsgespräches, die Präsentation Ihrer eigenen Fähigkeiten und damit auch das Gesprächsergebnis selbst mitbestimmen.

Notizzettel sind kein Ausdruck eines schwachen Gedächtnisses, sondern Zeichen und Beweis einer guten und intensiven Vorbereitung.

Benutzen Sie jedoch nicht zu offensichtlich und krampfhaft ellenlange Checklisten. Sollten Sie einmal den Faden verloren haben, so genügt meist ein kurzer Blick auf Ihre Stichworte.

Entwickeln Sie Ihr Vorstellungskonzept, d. h. die Darstellung Ihres Ausbildungs- und Berufsweges, im Blick auf das Stellenangebot und auf den künftigen Arbeitgeber.

Vermeiden Sie unbedingt negative Begründungen, d. h. keine Kritik am derzeitigen Arbeitgeber.

Dass Sie das Konzept einer proaktiven Bewerbung beherrschen, haben Sie mit Ihrer schriftlichen Bewerbung bereits bewiesen.

Frauen sind kommunikativer

Nutzen Sie als Frau Ihre besonderen Stärken in der Kommunikation beim Vorstellungsgespräch. Iris Meißner von der Universität Koblenz-Landau hat u. a. festgestellt:

- Frauen gehen auf Themen und Positionen ihrer Gesprächspartner mehr ein als Männer,
- Frauen reden kürzer als Männer,
- Frauen unterbrechen ihre Gesprächspartner seltener als Männer.

Der weibliche Kommunikationsstil ist kooperativer als der männliche – Männer sollten daraus lernen.

Männliche Kommunikation ist oft von Ironie geprägt und von dem Spiel, sich im Gespräch messen zu wollen, was für Frauen eine Gratwanderung sein kann, wenn sie sich darauf einlassen.

Frauen sind mit einer professionellen Gesprächsführung im Vorteil, wenn sie auf männliche Gesprächspartner treffen.

Professionalität zeigen Sie, wenn Sie sich mit Informationen über die Firma vorbereitet haben, sicher auftreten, sich den Aufbau und Ablauf des Vorstellungsgespräches nicht ganz aus der Hand nehmen lassen und wenn Sie mit einem roten Faden Ihren Werdegang präsentieren (siehe auch Kapitel 3.5).

Vom ersten Eindruck zum guten Abgang

Der erste persönliche Eindruck, den man von Ihnen gewinnt, ist wichtiger, als Sie vielleicht annehmen.

Treten Sie freundlich, offen und konzentriert auf und überlassen Sie anderen die Bewertung. Ihr Auftreten im Gespräch sollte so natürlich und ungekünstelt wie möglich sein. Anbiederungsversuche und unterwürfiges Verhalten führen nicht zum Ziel und zeugen eher von mangelndem Selbstbewusstsein.

Tipp: Für den ersten Eindruck gibt es keine zweite Chance!

Nach neueren Erkenntnissen sind bereits die ersten drei Sekunden einer persönlichen Begegnung entscheidend für Sympathie oder Abneigung – und damit u. U. für die ganze Verhandlung.

Vertrauen Sie selbst dem ersten Eindruck von Ihrem Gesprächspartner. Er ist in der Regel richtig und bestimmt Ihr Verhalten im Gespräch.

Ebenso entscheidend wie die ersten Sekunden einer Begegnung sind die letzten.

Wie Sie sich bei der Verabschiedung verhalten, registriert Ihr Gesprächspartner besonders intensiv und behält es in Erinnerung.

Lassen Sie sich nicht mit einem warmen Händedruck hinauskomplimentieren, sondern bedanken Sie sich für das Gespräch und fragen Sie, bis wann Sie mit einer Entscheidung rechnen können.

Jobfit im passenden Outfit

Die wenigsten Bewerber setzen ihre Kleidung bewusst als Stilelement zur Betonung ihrer Persönlichkeit ein.

Dabei ist Kleidung ein bestimmendes Kommunikationsmittel im beruflichen Wettbewerb.

Nicht nur eine Bewerberin sollte sich fragen: Was soll ich anziehen? Hier ist es ratsam, sich an der Position und der Branche zu orientieren. Eine Bank ist sicher weniger tolerant als eine Werbeagentur. Richtig ist immer, sich so anzuziehen, wie man normalerweise im Büro zu einem Gespräch mit auswärtigen Kunden erscheinen würde.

Aufstiegsorientierte sollten bei der Wahl ihrer Kleidung zur nächsthöheren Hierarchieebene schielen, empfehlen Stil- und Imageberater. Wer es versteht, sich so zu kleiden, dass sein Outfit zum eigenen Typ und Alter sowie zur angestrebten Position und Kultur der Firma passt, hat bei sonst gleichen Voraussetzungen bessere Chancen.

Die Personalchefs kleiner Firmen achten besonders penibel auf das Äußere. Mittelgroße Häuser sehen diese Dinge nicht so eng, während Großunternehmen dagegen wieder strenger sind.

Auch wenn nur jedes fünfte Unternehmen Freizeitkleidung am Arbeitsplatz untersagt und es selten eine schriftliche Kleiderordnung gibt, müssen Sie die ungeschriebenen Kleiderregeln unbedingt beachten. So ist bei Banken und Versicherungen Anzug und Krawatte für den Herrn und das klassische Kostüm für die Frau Pflicht.

Von Frauen erwartet man(n), dass sie mehr auf Äußerlichkeiten achten und einen gepflegten und in der Kleidung passenden Eindruck machen – also nicht im Minirock zum Bankdirektor oder im dunkelblauen Kostüm zum Chef einer Werbeagentur.

In Ihrer Kleidung sollten Sie sich wohl fühlen, und ein eleganter Anzug oder ein schickes Kostüm heben das Selbstwertgefühl. Das verleiht Ihnen eine größere Sicherheit im Gespräch.

Wenn jemand jedoch durch seine Kleidung ein ganz anderer sein will, wird er scheitern.

@WEBTIPP: www.stil.de

Tipp: Qualifikation und Outfit dürfen nicht im Widerspruch stehen!

Die Körpersprache ist verräterisch

Wer sich zu einem Vorstellungsgespräch begibt, sollte sich darüber im Klaren sein, dass es nicht nur seine Zeugnisse sind, die den Eindruck bestimmen, den er macht. Gang und Gesten, Haltung, Mienenspiel, Sprechweise, Kleidung, Frisur, Händedruck, all das trägt zur Bildung eines Eindruckes bei und bestimmt, wie er bei seinem Gesprächspartner ankommt.

„Man spricht zwar mit dem Mund, das Maul, das man dabei macht, sagt die Wahrheit." (Friedrich Nietzsche)

Ein geschulter und erfahrener Beobachter gewinnt im Vorstellungsgespräch wichtige Informationen aus der Körpersprache seines Gegenüber. Weil die Signale des Körpers unvermittelt und unreflektiert gesendet und wahrgenommen werden, wirken sie sieben- bis achtmal stärker als der Inhalt des Gesagten. Im Mienenspiel wird die Gefühlslage und emotionale Befindlichkeit sichtbar. Die Körperhaltung lässt Rückschlüsse auf die innere Haltung und den Charakter zu.

Schon wie Sie den Raum betreten, sagt etwas aus über Ihr Selbstbewusstsein, und mit einer aufrechten und zügigen Gangart schreibt man Ihnen Aktivität und Durchsetzungsvermögen zu. Doch beginnen Sie mit einem festen Händedruck, der weder ein „Knochenbrecher" noch eine „tote Hasenpfote" oder ein „nasser Lappen" sein darf. Sitzen Sie im Vorstellungsgespräch aufrecht und mit beiden Füßen fest auf dem Boden. Sie werden sich gut, selbstbewusst und stark fühlen.

Feste oder schematische Verhaltensregeln für den Ablauf eines Vorstellungsgespräches gibt es nicht. Rezepte scheitern (zum Glück) an den unterschiedlichen Charakteren der Gesprächspartner.

Motivationsfaktoren im Vorstellungsgespräch:
- Vorab Zusendung von Informationen,
- gutes Timing – rechtzeitige Einladung,
- freundlicher Empfang/Begrüßung,
- Pünktlichkeit der Gesprächspartner,
- ungestört sein – Zeit haben,
- Blickkontakt – Lächeln,
- persönliche Bemerkungen/Humor,
- keine Ritualisierung,
- selbstverständlicher Umgang,
- Feed-back geben.

Wenn Ihnen Struktur und Ablauf sowie die Gesprächstechnik des Vorstellungsgespräches vertraut sind, können Sie sich stärker auf den Inhalt, auf die möglichen Fragen konzentrieren und den Ablauf des Gespräches teilweise selbst beeinflussen. Neben der überall und immer notwendigen Portion Glück und der Gunst der Stunde kommt es an auf: Ausgeruhtsein, Auftreten, Informiertsein und Souveränität. Jeder geht seinen individuellen beruflichen Weg. Mancher macht es mit Begabung, mancher mit Fleiß, mancher mit Glück. Versuchen Sie's mit allen Dreien!

Tipp: Achten Sie auf einen guten ersten Eindruck!

So könnte Ihr Vorstellungsgespräch ablaufen:	**Und so können Sie sich darauf einstellen:**
	Kontakt-Phase
(1) Begrüßung und gegenseitige Vorstellung. Verbindliche Bemerkungen zu Ihrer Anreise.	Erkundigen Sie sich nach den Namen und Funktionen Ihrer Gesprächspartner!

Dank für die Bewerbung und das Zustandekommen des Gespräches. Versicherung der vertraulichen Behandlung. Begründung der Einladung.	Helfen Sie mit, eine gute Atmosphäre zu schaffen!
(2) Eingehen auf Ihre persönliche Situation, Herkunft, Elternhaus, Familie, Wohnort, Hobbys.	Gewinnen Sie durch Sympathie! – offen, freundlich, natürlich –

Vorstellungs-Phase

(3) Fragen nach Ihrem Bildungsgang, Ausbildungs-/Studienschwerpunkte, Weiterbildung, Zusatzqualifikationen.	Konzentrieren Sie sich auf das Wesentliche! Heben Sie Schwerpunkte hervor!
(4) Klärung Ihrer bisherigen Aufgaben, Tätigkeiten und beruflichen Entwicklung sowie Ihren Berufszielen.	Entwickeln Sie Ihren Ausbildungs-/Berufsweg im Blick auf das Stellenangebot!
Fragen nach den Gründen für Ihren Stellenwechsel.	Argumentieren Sie positiv für den Stellenwechsel und nicht gegen Ihren derzeitigen Arbeitgeber/Arbeitsplatz! (keine Negativbegründungen!)

Informations-Phase

(5) Informationen über das Unternehmen: Produkte/Leistungen, Organisation, Mitarbeiterzahl, Ziele, Unternehmenskultur	Seien Sie vorinformiert! Überraschen Sie durch sachkundige Detailfragen über die angebotene Stelle: organisatorische Zuordnung, Aufgabenbereich, Kompetenzen, Ziele und Erwartungen an den Stelleninhaber. Zeigen Sie durch gezielte und verständige Fragen Ihre Kompetenz!

Verhandlungs-Phase

(6) Vertragsverhandlung, Klärung der Konditionen.	Worüber Sie als Tarifangestellter verhandeln können: Gehaltshöhe, Stufe der Eingruppierung, Gehaltsüberprüfung/-erhöhung (z. B. nach der Probezeit), Übernahme der Umzugs-

	kosten, Trennungsentschädigung, entgangenes Weihnachtsgeld.
Abschluss	
(7) Abschluss des Gespräches, evtl. Vereinbarung eines zweiten Gespräches.	Bedanken Sie sich für das Gespräch und fragen Sie, bis wann Sie mit einer Entscheidung rechnen können!

Tipp: Achten Sie auf einen guten letzten Eindruck!

3.2 Welche Fragen Ihnen gestellt werden

Aussagefähig für die Prognose der Eignung und Entwicklung eines Kandidaten sind nur verhaltensorientierte Fragen. Damit wird bezogen auf eine konkrete Situation erfragt, wie ein Bewerber sie bewältigt hat und welches Ergebnis seine Handlungen zeitigten.

Wenn Ihr Gesprächspartner wissen will, wie belastbar Sie sind, wird er zunächst fragen: „Sie haben sicher schon sehr stressige Situationen erlebt. Beschreiben Sie doch einmal so eine Situation.“ Schon daran, was Sie als belastend erlebt haben, kann er Ihre Belastbarkeit einschätzen. Wenn er Sie weiter fragt: „Was haben Sie damals getan, und was ist dabei herausgekommen?“ kann der Personalchef oder Fachvorgesetzte beispielhaft Ihre Handlungskompetenz und Arbeitseffizienz erkennen.

Wenn Ihnen von einem zweiten Gesprächspartner die Frage noch einmal gestellt wird, können Sie mit der gleichen Antwort Ihre Aussage unterstreichen oder mit einem zweiten unterschiedlichen Beispiel Ihre Belastbarkeit glaubhaft machen.

Die leidige K-Frage

Der Arbeitgeber hat ein verständliches und berechtigtes Interesse daran zu erfahren, ob der Bewerber oder die Bewerberin in der Lage ist, die vorgesehene Arbeit ordnungsgemäß, fristgerecht und auf Dauer zu übernehmen.

Dieses Interesse findet jedoch dort seine Grenzen, wo es das Persönlichkeitsrecht des Arbeitnehmers berührt und wo die Fragen sachlich nicht gerechtfertigt sind.

Jede zweite Frau um 30 wird im Vorstellungsgespräch mit der Frage nach ihrem Kinderwunsch konfrontiert. Nur wer richtig reagiert, hat Chancen auf den Job.

Ein Arbeitgeber darf eine Stellenbewerberin nur dann nach der Schwangerschaft fragen, wenn sich ausschließlich Frauen um die Tätigkeit beworben haben.

Wenn Frauen danach gefragt werden, ob sie ein Kind erwarten, haben sie ein generelles „Recht auf Lüge", wie das Bundesarbeitsgericht festgestellt hat (AZ: 2 AZR 227/97).

Überzeugend wirken Sie dabei, wenn Sie als Frau die berufliche Aufgabe und Tätigkeit zu Ihrem vorrangigen Lebensziel erklären, und dies z. B. mit der Dauer und Qualifikation Ihrer Ausbildung begründen. Solange Sie noch nicht verheiratet sind, können Sie zudem Ihre Unabhängigkeit als Argument anführen, oder Sie erklären, dass Ihr Partner voll hinter Ihrem Beruf als Lebensziel steht.

Offensive Antworten auf eine unerlaubte Frage:

- Den Einstieg ermöglichen: „Ich war einige Monate arbeitslos. Wenn ich ein Kind gewollt hätte, wäre in dieser Zeit die beste Gelegenheit dazu gewesen. Aber meine berufliche Zukunft geht für mich absolut vor."
- Mit dem Partner abklären: „Mein Mann und ich wollen uns in den nächsten Jahren finanziell erst einmal etwas aufbauen, bevor wir uns über Kinder Gedanken machen."
- Den Wechsel begründen: „Als karrierebewusste und gut ausgebildete Frau werde ich sicherlich nicht gerade dann den Job wechseln, wenn ich familiäre Ziele habe."
- Die Frage überhören und das Berufsziel erklären: „Ich habe mir in den vergangenen fünf Jahren eine sehr gute berufliche Position erarbeitet. Um das zu erreichen, musste ich viel Energie und Ehrgeiz investieren. Warum sollte ich jetzt das alles hinwerfen, um ein Baby zu betreuen?" Oder „Wenn ich die angebotene Aufgabe erfüllt habe, könnte ich mir eine Tätigkeit in einer Ihrer ausländischen Tochterunternehmen vorstellen, um weitere Erfahrungen zu gewinnen."

Tipp: Erklären Sie als Frau den Beruf zu Ihrem vorrangigen Lebensziel!

Dies ist eine aktive und selbstbewusste Strategie gegen unerlaubte Fragen, die Frauen helfen kann, der Peinlichkeit mancher Fragestellung selbstsicher zu begegnen. Viele Frauen empfinden diese persönlichen Fragen als Ungerechtigkeit, und der Ärger darüber verschlägt ihnen zuweilen die Sprache.

Konfrontieren Sie Ihren Gesprächspartner nur dann mit der Unzulässigkeit seiner Fragestellung, wenn Sie (vielleicht aufgrund des Gesprächsverlaufes) an dem Stellenangebot nicht mehr interessiert sind.

Unzulässige Fragen stellen einen Angriff auf das allgemeine Persönlichkeitsrecht des Arbeitnehmers dar, dem Sie durch eine „Notwehrlüge" begegnen können (Urteil des BAG vom 5. 12. 1957/ AZR 594/56). Nach einem Urteil des Europäischen Gerichtshofes kann ein Arbeitgeber selbst dann einen Arbeitsvertrag nicht anfechten, wenn die Mitarbeiterin „wertlos" für ihn ist, weil sie wegen der Schwangerschaft in einem befristeten Arbeitsverhältnis kaum einsatzfähig ist. Allein wegen der Schwangerschaft dürfe ein Arbeitgeber die Einstellung einer Mitarbeiterin nicht ablehnen (Az. Rs. C – 109/00).

Gesund heißt: Fit für den Job

Nach Urteilen des Bundesarbeitsgerichtes ist bei Einstellungsgesprächen die Frage zulässig, ob Krankheiten vorliegen, die auf Dauer zu einer Beeinträchtigung der Arbeitsleistung führen können.

Die Durchführung von Gesundheitstests vermeiden Sie am besten dadurch, dass Sie überzeugend und glaubwürdig auf Ihren guten Gesundheitszustand hinweisen.

Lassen Sie diesbezüglich beim Arbeitgeber keine Zweifel aufkommen.

Bei den meisten deutschen Unternehmen sind Haaranalysen, Blut- oder Urinproben und Gentests im Gegensatz zu den USA noch ein Tabu. Gesundheitstests im Rahmen von Neueinstellungen beschränken sich auf allgemeine Fragen und Gesundheitschecks beim Werksarzt.

Doch die Zahl der von Firmen in Auftrag gegebenen Drogentests hat sich z. B. am Institut für Toxologie der Uni Frankfurt in den vergangenen Jahren auf 2500 im Jahr verfünffacht. Rund fünf Prozent davon sind positiv. Drogentests dürfen nicht ohne Einverständnis des Bewerbers gemacht werden.

Der Nationale Ethikrat will eine „genetische Diskriminierung" bei der Einstellung von Beschäftigten verhindern. Gentests und andere medizinische Untersuchungen dürften nur in streng begrenzten Ausnahmefällen ein Einstellungskriterium sein. Es dürfen keine Prognosen über Krankheiten verwertet werden, die sich bei einem Angestellten nicht mit einer mehr als 50-prozentigen Wahrscheinlichkeit innerhalb der Dauer von sechs Monaten auf die Eignung für die Tätigkeit auswirken. Schon diese etwas angestrengt wirkende Einschränkung zeigt, dass die Verwertung möglicher Erkenntnisse über künftige Krankheiten eines Bewerbers durch den Arbeitgeber kaum verhindert werden kann.

Die Frage – die Königin der Dialektik

Die Frage gilt als die Königin der Dialektik. Tatsächlich ist es viel schwieriger, eine gute Frage zu stellen, als sie zu beantworten. Und durch Fragen wird ein Gespräch gelenkt und bestimmt.

In der gezielten Gesprächstechnik werden dabei so genannte „offene Fragen" gestellt. Dies sind Fragen, die nicht mit „ja" oder „nein" beantwortet werden können – im Gegensatz zur „geschlossenen Frage".

- **Offene Fragen** beginnen immer mit einem „W": Warum, Wann, Wie, Wodurch, Welche etc.
- **Geschlossene Fragen** beginnen dagegen mit einem Verbum: Haben Sie...? Gehen Sie...? Waren Sie...? etc.

Die Fragetechnik der offenen Frage ist gesprächsfördernd – sie eröffnet zudem einem Gespächspartner mehrere Möglichkeiten zu antworten.

Durch offene Fragen wird ein Gespräch intensiver geführt, ohne es zu beherrschen – durch non-direktive Führung.

Eine positive Einstellung zu dieser Fragetechnik verhindert Verunsicherung aus vermeintlichen Fangfragen.

Wer fragt, der führt das Gespräch und bestimmt dessen Inhalt und Ablauf.

Die Frage nach ...	in **geschlossener** Fragestellung:	in **offener** Fragestellung:
der Problemanalyse	Können Sie sich die Verzögerung erklären?	Welche Überlegungen haben Sie wegen der Verzögerung angestellt?
der Vorgehensweise	Haben Sie die Aufgabe unterteilt?	Wie sind Sie dabei vorgegangen?
dem Lösungsvorschlag	Haben Sie einen Lösungsvorschlag?	Welche Maßnahmen schlagen Sie vor?
dem Ergebnis	Hatten Sie damit Erfolg?	Welches Ergebnis haben Sie erzielt?

Fragerecht des Arbeitgebers – Offenbarungspflicht des Arbeitnehmers

Beim Eintritt in Vorverhandlungen zum Abschluss eines Arbeitsverhältnisses entsteht ein „vertragsähnliches Vertrauensverhältnis", aus dem u. a. eine wechselseitige Offenbarungspflicht entsteht.

Der mögliche neue Arbeitgeber darf alles fragen, was für seine Einstellungsentscheidung wichtig und notwendig ist.

Ausgefragt: Zulässige oder unzulässige Fragen bei der Vorstellung

Die Frage nach ...

- der **Ausbildung**, Schul- und Berufsausbildung, Zeugnis- und Prüfungsnoten, Abschlussprüfungen ist **zulässig**.
- dem **beruflichen Werdegang**, bisherigen Tätigkeiten, Arbeitszeugnissen und sonstigen Bewertungen, Zahl und Dauer bisheriger Beschäftigungsverhältnisse ist **zulässig**.
  Anmerkung: Verschweigt der Bewerber eine längere Arbeitsfreistellung bei seinem letzten Arbeitgeber, kann der neue Arbeitgeber den Arbeitsvertrag wegen arglistiger Täuschung anfechten.
- einem **bestehenden Wettbewerbsverbot** ist **zulässig**.
  Anmerkung: Der Bewerber muss von sich aus auf räumliche, zeitliche und sachliche Einschränkungen eines betrieblichen Wettbewerbsverbotes hinweisen.
- dem **Wehr- oder Zivildienst** ist **zulässig**.

- der **Schwerbehinderteneigenschaft** ist **zulässig**.
  Anmerkung: Der Bewerber hat eine Offenbarungspflicht, wenn er erkennen muss, dass er die vorgesehene Arbeit nicht leisten kann.
- einer **bestehenden Lohnpfändung** ist **zulässig**; unzulässig, wenn nach früheren Lohnpfändungen gefragt wird.
- den **Vermögensverhältnissen** ist nur zulässig bei leitenden Angestellten und Arbeitnehmern in besonderen Vertrauenspositionen (Filialleiter, Bankkassierer etc.); **unzulässig** bei Arbeitnehmern im unteren und mittleren Verantwortungsbereich.
- dem **derzeitigen Lohn/Gehalt** ist **zulässig**; unzulässig, wenn ohne Aussagekraft für die neue Stelle und wenn der Arbeitnehmer es nicht als Mindestvergütung fordert.
- der **Gewerkschaftszugehörigkeit** ist grundsätzlich **unzulässig**; zulässig zur Prüfung der Tarifbindung und wenn der Betrieb die Gewerkschaftsbeiträge einzieht.
- dem **Gesundheitszustand** ist grundsätzlich **unzulässig**; zulässig, wenn für den Betrieb, die übrigen Arbeitnehmer und die Arbeit ein berechtigtes Interesse besteht (z. B. AIDS-Erkrankung einer Zahnarzthelferin).
  Anmerkung: Offenbarungspflicht, wenn der Bewerber bei Dienstantritt voraussichtlich krank oder in Kur ist, oder wenn er in Folge seiner Erkrankung die elementarsten Anforderungen am vorgesehenen Arbeitsplatz nicht erfüllen kann (z. B. Trunksucht eines Berufskraftfahrers).
- **Vorstrafen** ist grundsätzlich **unzulässig**; zulässig, wenn es sich um eine für den Arbeitsplatz einschlägige Vorstrafe handelt (z. B. Vermögensdelikte eines Kassierers).
- einer bestehenden **Schwangerschaft** ist grundsätzlich **unzulässig**; zulässig, wenn sich nur Frauen um den Arbeitsplatz bewerben.
- der **Religionszugehörigkeit** ist grundsätzlich **unzulässig**; zulässig in konfessionell ausgerichteten Einrichtungen und nach einer Mitgliedschaft bei der „Scientology Church“.
- der **Parteizugehörigkeit** ist grundsätzlich **unzulässig**; zulässig in parteipolitisch abhängigen Unternehmen und Organisationen (Tendenzbetriebe).
- dem **Austritts- oder Kündigungsgrund** früherer Arbeitsverhältnisse ist grundsätzlich **unzulässig**.

- einer **bevorstehenden Heirat** (Kinderwunsch) ist grundsätzlich **unzulässig**.
- den **Ehegatten, Kindern, Geschwistern oder Eltern** ist grundsätzlich **unzulässig**. Ausnahme: Geburtsdaten der Ehegatten und der Kinder.

Der Bewerber muss dementsprechend neben der Darstellung seiner fachlichen Eignung auch alle sonstigen für das Arbeitsverhältnis wichtigen Angaben wahrheitsgetreu machen.

Dabei muss er jedoch seine persönlichen Verhältnisse nicht schrankenlos offenbaren. Die Grenzen sind durch die Erfordernisse der angestrebten Position und das Recht des Bewerbers auf informationelle Selbstbestimmung bestimmt.

Es ist sogar möglich, auch auf ausdrückliche Fragen eines Arbeitgebers nicht oder gar falsch zu antworten, wenn dieser kein Recht auf die verlangte Auskunft hat.

Die Gehaltsfrage – Eckstein oder Stolperstein?

Halten Sie es wie ein guter Händler, der erst seine Ware anpreist, ehe er den Kaufpreis nennt. Als Verkäufer in eigener Sache sollten Sie erst am Ende eines Vorstellungsgespräches Ihre Gehaltsvorstellungen nennen.

Ein Arbeitgeber, der gleich nach dem Gehaltswunsch des Bewerbers fragt, will meist nur wenig bezahlen.

Ihre Gehaltsvorstellung ist ein Preis, den der Arbeitgeber zu zahlen bereit sein muss. Dies erreichen Sie nur, wenn Gehaltswünsche begründet sind mit einer Qualifikation, einer Leistung und mit Kompetenzen, die den Arbeitgeber überzeugen. Wer eine um 20 Prozent höhere als die im Unternehmen vorgesehene Vergütung fordert oder wer sich mehr als 40 Prozent zu billig anbietet, wird bereits bei der Vorauswahl aussortiert.

Männer nennen zu 90 Prozent einen konkreten Betrag, der eher zu hoch als zu niedrig liegt, während nur zehn Prozent der Frauen eine Gehaltsforderung stellen und lieber nach dem Motto (ver)handeln: „Hauptsache der Job macht Spaß, Geld ist nicht so wichtig."

Dies mag einer der Gründe sein, weshalb berufstätige Frauen in Westdeutschland 23 Prozent weniger verdienen als Männer, wie im

Frauen-Daten-Report 2005 des Wirtschafts- und Sozialwissenschaftlichen Instituts (WSI) festgestellt wird.

In jedem Fall sollten Sie einen Gehaltsrahmen angeben, um zu zeigen, dass Sie den Job richtig einordnen können.

Der Doktortitel kann einen Karrierevorteil verschaffen und den Bewerber evtl. schneller in eine höhere Position bringen. Vergleicht man jedoch Gehälter in vergleichbaren Positionen lässt sich feststellen, dass es kaum einen Unterschied macht, ob jemand Hochschul- oder Fachhochschulabschluss oder eine Promotion vorweisen kann.

> **Tipp:** Bei der Gehaltsfrage mit Leistungen und Kompetenzen argumentieren!

Unzulässige Fragen – Wie verhalten?

Im gesamten Bewerbungsverfahren werden immer wieder Fragen an Sie gestellt. Beim Telefongespräch, beim Informationsgespräch, beim Vorstellungsgespräch und im Personalbogen werden Sie vielfältige Dinge gefragt.

Wie sollen Sie sich verhalten, wenn der Arbeitgeber eine unzulässige Frage stellt?

Grundsätzlich unzulässig sind Fragen nach: Gewerkschaftszugehörigkeit, bevorstehender Heirat, Krankheiten, Parteizugehörigkeit, Religionszugehörigkeit, Schwangerschaft, Vorstrafen oder schwebende Verfahren.

Die Personalleiter vertrauen darauf, dass die meisten Arbeitnehmer die Wahrheit sagen, weil sie das Vertrauensverhältnis mit dem Arbeitgeber nicht von vornherein belasten wollen.

Bestätigen Sie Ihre Gesprächspartner in diesem Glauben.

Beim Fragerecht des Arbeitgebers geht es nicht primär darum, welche Fragen der Arbeitgeber stellen kann, sondern es geht darum, welche Fragen der Arbeitnehmer falsch beantworten darf.

Solange beispielsweise durch die Art der Fragestellung die Menschenwürde des Kandidaten nicht berührt ist, wird kein Gesetz peinliche und ärgerliche Fragen unterbinden können.

Heikle Fragen werden in der Regel meist indirekt angesprochen, deshalb ist wache Vorsicht geboten.

Fragen nach Ihrem persönlichen Hintergrund und Ihren Motivationen wird man Ihnen selten direkt stellen, sondern sie sind eingebettet in ein lockeres Gespräch. Beispielsweise über Ihre Geburtsstadt, und schon ist das Thema bei Ihrem Elternhaus bzw. Ihrer sozialen Herkunft. Oder das Gespräch dreht sich um das Wetter, und schon lässt sich überleiten auf Ihre Hobbys und Freizeitbeschäftigungen.

Sie sollten prüfen, welche Absichten und Ziele mit den Fragen und Gesprächsanregungen verknüpft sind, und Ihre Antworten sowie ihr gesamtes Verhalten kontrollieren und entsprechend anpassen. Richtiges Verhalten in diesem Frage- und Antwortspiel heißt:

- konzentriert zuhören,
- genau beobachten,
- nicht zu viel reden,
- zurückhaltend sein,
- flüssig sprechen,
- sachlich bleiben.

Es ist jedoch unklug, falsche Angaben über Art und Gründe des Ausscheidens beim letzten Arbeitgeber zu machen, da Ihr neuer Chef jederzeit weitere Auskünfte über Sie einholen kann.

Tipp: Beantworten Sie unzulässige Fragen diplomatisch!

Fragen, die Sie nicht beantworten brauchen, sollten Sie diplomatisch umgehen. Weisen Sie den Arbeitgeber nicht auf die Unzulässigkeit seiner Frage hin, bringen Sie ihn also nicht in einen unangenehmen Rechtfertigungszwang.

Manche Frauen suchen bei persönlichen Fragen oft regelrecht die Auseinandersetzung mit dem Gesprächspartner oder reagieren schroff und wenig souverän.

Lassen Sie sich lieber eine taktisch kluge Antwort einfallen und bedenken Sie: keine Antwort ist auch eine Antwort!

Ein Arbeitsvertrag kann im Blick auf das Fragerecht des Arbeitgebers wegen arglistiger Täuschung angefochten werden, wenn

- die Frage zulässig war und der Bewerber bewusst die Unwahrheit gesagt hat,

- der Bewerber wissen musste, dass die von ihm verschwiegene Tatsache für seine Einstellung von ausschlaggebender Bedeutung war,
- die verschwiegene Tatsache für seine Einstellung ursächlich war.

Halten Sie sich an die Regel:

> **Tipp:** Sagen was wahr ist, ohne alles zu sagen!

Anfragen beim Arbeitgeber

Auch wenn der Bewerber sich nicht auf Auskünfte seines derzeitigen oder seiner früheren Arbeitgeber beruft, ist der künftige Arbeitgeber berechtigt, bei diesen Arbeitgebern Auskünfte über den Bewerber einzuholen.

Wünscht der Bewerber dies nicht, so muss er dies gegenüber dem künftigen Arbeitgeber eindeutig zum Ausdruck bringen. Der künftige Arbeitgeber muss diesen Wunsch beachten.

Holt er gleichwohl Auskünfte ein und entstehen dem Bewerber dadurch Nachteile, z. B. dass durch die bekannt gewordene Bewerbung eine vorgesehene Gehaltserhöhung unterbleibt, so kann der Arbeitnehmer von seinem Verhandlungspartner Schadenersatz verlangen. Jedoch wird der Nachweis einer Indiskretion einem geschädigten Bewerber nur schwer gelingen.

Grundsätzlich muss der Arbeitgeber einen Personalfragebogen, der Angaben aus der Privatsphäre enthält, vernichten, soweit er nicht ein berechtigtes Interesse an der Aufbewahrung des Fragebogens hat.

Die Absicht, den Fragebogen gegebenenfalls zum Datenvergleich bei einer späteren Bewerbung heranzuziehen, begründet kein berechtigtes Interesse.

Die Personal- und Bewerbungsfragebogen bedürfen nach § 94, 1 BetrVG der Zustimmung des Betriebsrates.

Fangfragen sind meist überraschende Fragen

Es muss nicht immer mangelnde Eignung sein, wenn Bewerber scheitern. Auf der Strecke bleiben gelegentlich auch Kandidaten, die für den Job fachlich hoch qualifiziert sind, aber von den Interview-Tricksern verunsichert werden.

Diese versuchen die Strategie von cleveren Bewerbern durch überraschende Fragen zu durchkreuzen, um ihren Gesprächspartner für einige Schrecksekunden ratlos zu machen und um ihn nach Möglichkeit aus dem Konzept zu bringen (siehe auch Arbeitsblatt: **Fangfragen** im Anhang).

Doch diese Praxis muss Sie nicht verunsichern, da sie meist nur dann angewandt wird, wenn ein Bewerber allzu selbstsicher und forsch die Karriereleiter hinaufspringen will. Dann wird jeder kompetente Interviewer nachfragen und versuchen, hinter die Fassade zu schauen. Wenn Sie ein **eigenes Konzept** haben, hinter dem Sie persönlich stehen, und wenn Sie keine falschen Rollen übernehmen und fragwürdige Antworten geben, werden Sie mit fairen und sachlichen Gesprächspartnern verhandeln können.

Tipp: Merke – Nicht die Frage verfängt, sondern die Antwort!

Bei Fangfragen legt sich der Bewerber meist selbst herein wie im folgenden – fast klassischen – Beispiel:

Ein promovierter Kandidat, der die attraktive Stelle so gut wie sicher in der Tasche hatte, parierte die Frage, was er für seine berufliche Weiterbildung tue, mühelos mit einer eindrucksvollen Liste von Fachzeitschriften.

„Lesen Sie denn nicht Planung und Management?", fragte der Personalchef harmlos.

Die spontane Antwort: „Aber natürlich!", war sein entscheidender Fehler, denn eine Zeitschrift mit diesem Titel gibt es nicht.

Wie hätten Sie diese Suggestivfrage des Personalchefs beantwortet? Oder wie würden Sie die Frage nach Ihrem größten beruflichen Misserfolg oder nach Ihren persönlichen Schwächen beantworten?

Wenn Sie von jemandem hören, er sei durch Fragen hereingelegt worden, lassen Sie sich die Frage wiederholen und fragen Sie nach seiner Antwort.

Sie werden feststellen, dass es meist eine angemessene, berechtigte und faire Frage war.

Nur – der Befragte war zu überrascht oder auf eine entsprechende Antwort fixiert und hat falsch geantwortet.

Es ist weniger wichtig, **was** Sie auf eine heikle oder überraschende Frage antworten, sondern **wie** Sie darauf eingehen und sie beantworten, ist entscheidend.

Denn nicht die Frage verfängt, sondern die Antwort!

Durch sicheres Auftreten, überzeugende Antworten, intelligentes Fragen und durch mögliche parallele persönliche Interessen Ihres Interviewpartners können Sie ihn am besten zu einer Sympathieentscheidung verleiten.

Variationen auf eine beliebte Frage

Die Frage nach **„persönlichen Schwächen"** können Sie in folgender Weise parieren:

Gewinnen Sie zunächst Zeit mit einer hinhaltenden Antwort!

- „Das ist eine Frage, die man sich viel zu selten stellt!"
- „Darüber sollte man öfter einmal nachdenken!"

Weisen Sie auf die Schwierigkeit der Selbstwahrnehmung hin!

- „Tja, wer kennt sich schon selbst?"
- „Sein Selbstbild sollte man immer wieder überprüfen!"

Nennen Sie für die Tätigkeit unverfängliche Schwächen!

- „Manchmal habe ich den Eindruck, dass ich mich schlecht verkaufe!"
- „Ich bin oft zu ehrlich, zu gutmütig, ungeduldig!"
- als Verkäufer: „Hinterm Schreibtisch halte ich es nicht aus!"
- als Buchhalter: „Manche halten mich schon für etwas penibel!"
- als EDV-Sachbearbeiter: „Ich glaube, ich bin ein Computer-Narr!"
- als Führungskraft: „Meine Frau hält mich für einen Workaholic!"

Weisen Sie auf Ihr Sternzeichen hin! (Ironisieren Sie!)

- Von Widdern heißt es, dass sie ... sind! Jungfrauen gelten als besonders ...!

Relativieren Sie durch das Urteil Dritter!

- Manche meinen, dass ich ... bin!
- Mir wird öfter gesagt, dass ...!

Geben Sie die Frage an Ihren Gesprächspartner zurück!

- „Die Frage könnten Sie mir sicher besser beantworten!"
- „Bei dieser Frage wäre natürlich Ihr Urteil/Ihre Meinung für mich wichtig!"

Die Frage nach persönlichen Stärken müssen Sie selbst beantworten können. Geben Sie auch mal einen Fehler zu und verpacken Sie das Ganze in eine ehrliche und gut erzählte Geschichte!

Auf Standardfragen überzeugend antworten

Auch wenn Sie nicht detailgenau jede Frage vorab erahnen können, so gibt es doch Standardfragen, die im Vorstellungsgespräch mit großer Wahrscheinlichkeit thematisiert werden:

Es sind meist die gleichen Standardfragen, die in einem Vorstellungsgespräch gestellt werden:

- Warum bewerben Sie sich gerade bei uns?
- Warum möchten Sie wechseln?
- Was möchten Sie in fünf Jahren erreicht haben?
- Worin sehen Sie Ihre Stärken?

Um überzeugend und individuell diese Fragen beantworten zu können, sollten Sie sich vorher Ihre Argumente überlegen und über folgende Fragen nachdenken:

- Welche Bedeutung haben meine bisherigen Stellen für die neue Firma?
- Welche Aufgaben habe ich erfüllt, die für die neue Firma wichtig sind?
- Warum bin ich von der Firma A zur Firma B oder C gewechselt?
- Warum will ich jetzt wieder wechseln?
- Warum bewerbe ich mich gerade bei dieser Firma?
- Welche Schwachstellen habe ich im Hinblick auf die Firma und die angebotene Position?
- Welches Gehalt soll ich verlangen?
- Welche Position möchte ich in fünf Jahren bekleiden?

Argumentieren Sie positiv, d. h. sagen Sie nicht, warum Sie weggegangen sind, sondern weshalb Sie die neue Aufgabe übernehmen wollten.

Tipp: Argumentieren Sie positiv und mit Beispielen!

Belegen Sie Ihre Angaben möglichst durch Beispiele:

- „In meiner jetzigen Position bin ich für die Koordination eines Großauftrages verantwortlich, an dem Büros in zwölf europäischen Länder beteiligt sind. Ohne ein gewisses Organisationstalent hätte ich ein Chaos."
- „Ich bin seit fünf Jahren Schatzmeister in meinem Sportverein, das

zeigt, dass mich meine Vereinskameraden für vertrauenswürdig und einsatzfreudig halten."

- „Ich glaube, ich bin ziemlich ehrgeizig und zielstrebig. Ich habe mein Studium so angelegt, dass ich mit der kürzestmöglichen Studienzeit ausgekommen bin. Dabei ist es mir sogar gelungen, ein Prädikatsexamen zu machen."
- „Meine organisatorischen Fähigkeiten konnte ich beim Umzug meiner Abteilung unter Beweis stellen."

Eine überzeugende Antwort auf die Standardfrage „Wieso bewerben Sie sich gerade bei uns?" setzt voraus, dass Sie etwas über das Unternehmen wissen und auch Alternativen haben.

Mit Fragen das Gespräch führen

Beim Vorstellungsgespräch sollten Sie nicht nur antworten, sondern auch selbst Fragen stellen und damit aktiv die Gesprächsführung übernehmen. Gute Kandidaten erkennt man daran, dass sie interessante und gut strukturierte Fragen stellen.

Voraussetzung dafür ist allerdings eine gute Vorbereitung. Je besser Sie über das jeweilige Unternehmen informiert sind, umso gezielter können Sie Ihr Interesse an der ausgeschriebenen Stelle und an dem Unternehmen bekunden.

Die scheinbar harmlose Aufforderung an Sie, selbst Fragen zu stellen, sollten Sie nicht unterschätzen, denn gerade durch die Art und den Inhalt Ihrer Fragen beweisen Sie nachhaltig, wie kompetent und informiert Sie sind. Zwei oder drei gute Nachfragen werden von Ihnen schon erwartet.

Es ist viel leichter, Antworten zu geben, als Fragen zu stellen.

Bedenken Sie auch, dass derjenige, der fragt, das Gespräch führt.

> **Tipp:** Wer fragt, führt und bestimmt den Inhalt des Gespräches!

Mit diesem Rollentausch erweisen Sie sich als gleichwertiger Gesprächspartner und wecken in besonderer Weise das Interesse an Ihrer Person.

Es gehört jedoch einiges Einfühlungsvermögen und Einfallsreichtum dazu, selbst Fragen zu stellen, ohne dass es zu einem reinen Abfragen wird. Sie müssen selbst spüren, wann es genug ist, und ob man Ihnen noch bereitwillig Auskunft gibt.

Fragen Sie, wenn etwas nicht klar ist. Und haben Sie auch den Mut, falsche Interpretationen des Gesprächspartners zu korrigieren, wenn das für die Beurteilung Ihrer Person wichtig ist.

Es gibt vielerlei Anknüpfungsmöglichkeiten für eine Fragestellung. Sehr empfehlenswert ist es, Fragen zu stellen nach Punkten, die im Vorstellungsgespräch bereits angesprochen wurden, etwa:

„Sie haben vorher erwähnt, dass ..."

Oder Sie nehmen Bezug auf das Informationsmaterial, das man Ihnen vorab zugeschickt hat:

„In Ihrer Broschüre erwähnen Sie die Möglichkeit, dass ..."

Wenn Sie sich auf öffentlich zugängliche Informationen beziehen können, dokumentieren Sie gleichzeitig, dass Sie sich vorab gut informiert haben, etwa: „In Ihrem Geschäftsbericht habe ich gelesen, dass ..."

Wenn sich kein aktueller Bezug für Fragen anbietet, gehen Sie am besten systematisch vor.

Zurückgefragt

Fragen zur Branche

- Gehören Unternehmenszweige anderen Branchen an?
- Sind die Kunden eher im Umland?
- Wer sind die wichtigsten Kunden?
- Wer ist Marktführer?
- Welche Betriebsgrößen und Rechtsformen sind branchenüblich?
- Gab es in letzter Zeit in der Branche wichtige Veränderungen (Fusionen, technologische Fortschritte, neue gesetzliche Vorschriften, neue Vertriebsformen etc.)?

Fragen nach dem Unternehmen

- Welche Rolle spielt das Unternehmen/Marktanteile?
- Wie hat es sich in den letzten Jahren entwickelt?
- Wer sind die Hauptwettbewerber?
- Wer sind die wichtigsten Kunden/Lieferanten?
- Welches sind die wichtigsten Produkte?
- Hat das Unternehmen eine bestimmte Unternehmenskultur?
- Gibt es eine Führungsphilosophie?

- Gibt es ein System der Leistungsbeurteilung/Personalentwicklung?
- Wie lässt sich das unternehmenspolitische Konzept umschreiben?

Fragen nach dem Fach-/Funktionsbereich

- Welche Bedeutung hat der Fachbereich, in dem Sie tätig werden wollen für das Unternehmen?
- Ist er bereits voll entwickelt oder noch im Aufbau?
- Gab es in letzter Zeit wesentliche Veränderungen innerbetrieblich/außerbetrieblich?

Fragen nach der Stelle

- Warum ist die Stelle zu besetzen?
- Seit wann ist sie frei?
- Aus welchen Gründen ist der bisherige Stelleninhaber gegangen?
- Warum wurde die Stelle neu geschaffen?
- Wer hat die Aufgabe bisher erfüllt?
- Wie ist die Stelle hierarchisch eingeordnet?
- Gibt es einen Organisations-/Stellenplan?
- Welche Vollmachten sind mit der Stelle verbunden?
- Gibt es konkrete Zielsetzungen für die Stelle?
- Welche Qualifikation haben die zukünftigen Mitarbeiter?
- Wie werden die Aufstiegschancen vom Unternehmen beurteilt?

Fragen nach den vertraglichen Bedingungen

- Tarifliche oder außertarifliche Leistungen?
- Wird eine Vertragsdauer festgelegt? (Vorsicht bei befristeten Arbeitsverträgen!)
- Wie wird die Kündigungsfrist geregelt? (Gesetzlich oder tariflich?)
- Wie hoch sind die Bezüge?
- Gibt es Weihnachtsgeld, Urlaubsgeld, Erfolgsbeteiligung etc.?
- Wie sieht die Urlaubsregelung aus?
- Gibt es eine betriebliche Altersversorgung, wie ist sie gestaltet? (Betriebliche Altersvorsorge!?)
- Besteht ein Verbot für Nebenbeschäftigungen?
- Welche sonstigen Vereinbarungen sind zu treffen?
- Gibt es Trennungsentschädigung, Umzugskostenerstattung etc.?

Tipp: Reden Sie über Geld erst am Schluss!

Ausgehend von der unmittelbaren Aufgabe, erfragen Sie immer mehr Einzelinformationen über die Aufgabe und das Umfeld, bis Sie sich ein deutliches Bild von den Rahmenbedingungen machen können, unter denen Sie arbeiten würden. Erfragen Sie die vertraglichen Bedingungen erst zum Schluss. Sie machen damit ihr vorrangiges Interesse an der Aufgabe und nicht an der Bezahlung deutlich. (Siehe auch Kap. 3.6 Arbeitsvertrag).

So können Sie sich jeder Frage stellen:
(1) Stellen Sie sich auf die Fragetechnik der „offenen Frage" ein!
(2) Wenden Sie im Gespräch ebenfalls diese Fragetechnik an!
(3) Seien Sie auf überraschende Fragen gefasst!
(4) Beantworten Sie unzulässige Fragen diplomatisch oder taktisch!
(5) Sagen Sie, was wahr ist, ohne alles zu sagen.
(6) Erfragen Sie möglichst keine Interna!
(7) Erstellen Sie sich eine schriftliche Frageliste!

3.3 Mit welchen Einstellungstests Sie rechnen müssen

Für besonders qualifiziertes Fachpersonal und für den Führungsnachwuchs werden vor dem entscheidenden Einstellungsinterview weitere Auswahlverfahren angewandt, die sehr zeit- und personalaufwendig sind.

Doch dieser Aufwand erscheint den Betrieben durchaus gerechtfertigt, wenn es um die Auswahl des künftigen Führungspersonals geht. Denn oft werden die erfolgreichen Bewerber in einem besonders kostspieligen Traineeprogramm auf ihre künftigen Führungsaufgaben gezielt vorbereitet.

Die Gruppendiskussion zeigt Sozialverhalten auf

Bei der Gruppendiskussion werden mehrere Bewerber zur Beurteilung von Leistungsfähigkeit und Persönlichkeit in Gesprächsgruppen mit verteilten Rollen zusammengenommen.

Sie haben im Gruppengespräch ähnlich wie beim Training mit Fallbeispielen oder Planspielen bestimmte Sachaufgaben zu lösen, z. B. die Einführung eines neuen Markenartikels.

Oft wird ein Thema vorgegeben, das unter bestimmten Gesichtspunkten zu diskutieren oder regelrecht zu bearbeiten ist. Durch die Vorgabe und den Wechsel der Diskussionsleitung und weitere Aufträge während der Diskussion lässt sich diese Übung variieren.

Obwohl auch inhaltliche Aspekte gewertet werden, steht das Sozial- und Kommunikationsverhalten im Vordergrund. Wenn Sie im Gruppengespräch die Initiative ergreifen, die Diskussionsleitung übernehmen, Beiträge der anderen zusammenfassen, auf die vorgegebe Zeit achten und stille Teilnehmer einbeziehen, können Sie überzeugen.

Üben Sie in Diskussionen unter Freunden und beobachten Sie sich dabei selbst. Die Gespräche werden von Beobachtern, meist einem Psychologen und einem Personaler bewertet.

Im Assessment-Center zählt der Gesamteindruck

„Assessment" heißt Feststellung, Abschätzung und Bewertung und das Assessment-Center (AC) dient insbesondere dazu, die geistigen Fähigkeiten wie Intelligenz, Analysevermögen, Organisationsfähigkeit oder Entscheidungsverhalten und die Sozialkompetenz wie Kommunikation, Einfühlungsvermögen, Team- und Führungsfähigkeit zu erfassen.

„Ein Assessment-Center", so definiert ein Personalberater, „ist zunächst einmal die Simulation von Praxisaufgaben." Mitarbeiter eines Unternehmens oder Bewerber für eine bestimmte Position werden in 8 bis 12 Übungen mit Situationen, Aufgaben und Problemen konfrontiert, wie sie ihnen auch im beruflichen Alltag begegnen.

Doch dabei schaut Ihnen bei der Lösung der Aufgaben immer ein Beobachter über die Schulter, der auf vorbereiteten Beurteilungsbögen Stärken und Schwächen notiert.

Assessment Center werden von 90 Prozent der deutschen Großunternehmen und rund der Hälfte der Mittelständler eingesetzt zumeist mit dem Ziel, den geeigneten Mitarbeiter für eine vakante Position aus einer Gruppe von Bewerbern herauszufinden.

Das AC geht von einem einfachen Gedanken aus: Wenn man das Leistungspotential eines Bewerbers oder Mitarbeiters einschätzen will, konfrontiert man ihn mit einer Reihe von Situationen, in denen er unter Beweis stellen kann, ob er über dieses Potential verfügt. Vier bis sechs Linienmanager beobachten drei bis zwölf Teilnehmer über ein bis drei Tage in unterschiedlichen Übungen mit einer Kombination aus Rollenspiel, Planspielen, Gruppendiskussion, Einzelpräsentation, Fallstudien und psychologischen Testverfahren.

Nicht selten werden die Kandidaten zu einem gemeinsamen mehrgängigen Geschäftsessen eingeladen, um alle Lebensbereiche im AC abzubilden. Die Übungen simulieren reale Arbeitssituationen.

„Kein Mensch kann über zehn Übungen hinweg wesentliche Persönlichkeitsmerkmale vertuschen", so ein Personalberater.

Die Vielfalt der Übungen, die unterschiedliche Eigenschaften herausfordern, verschafft dem Assessment-Center im Vergleich zu anderen Beurteilungsmethoden einen Vorteil, den immer mehr auch kleinere Unternehmen und Institutionen, wenn auch in vereinfachter Form z. B. nur mit Rollenspiel und Gruppendiskussion, nutzen.

Da stets mehrere Beobachter gemeinsam ein Gutachten über einen Kandidaten erstellen müssen, erhöht dies die Objektivität.

Auf das Verhalten, nicht auf das Fachliche kommt es im Assessment-Center an. So wollen die Prüfer beispielsweise Überzeugungskraft, aber auch Kooperations- und Denkvermögen bewerten.

Sie sollen beurteilen, ob ein Bewerber humorvoll und nicht lächerlich ist, ob er locker und nicht verkrampft wirkt und ob er über eine ausreichende Frusttoleranz und Belastbarkeit verfügt.

Gerade für ein Assessment-Center sollten Sie sich proaktiv vorbereiten – durch Informationen über das Unternehmen, das Kerngeschäft, die Unternehmenskultur und das Firmenimage. Überlegen Sie die Anforderungen der angestrebten Positionen im Blick auf eigene Stärken und mögliche Schwächen.

Notieren Sie sich Verhaltenkriterien, auf die Sie im AC besonders achten wollen. Berücksichtigen Sie, dass Sie auch in den Pausen beobachtet werden. Wie immer Sie sich fühlen mögen, bleiben Sie authentisch und spielen Sie keine Rolle, sondern geben Sie sich, wie Sie sind!

Tipp: Nutzen Sie ein Assessment-Center für Ihre persönliche Entwicklung!

Die individuellen Gespräche im Anschluss an die AC-Übungen können für Sie von großem persönlichen Nutzen und ein Erfahrungsgewinn sein. Im unmittelbaren Vergleich mit anderen Bewerbern erleben Sie zudem Ihre Stärken und Schwächen. Mit einem gewissen Maß an Selbstkritik haben Sie die Chance, mehr über sich und Ihre Möglichkeiten zu erfahren.

Online-Assessments haben sich dagegen als ein Auswahlverfahren ohne überzeugende Aussagekraft erwiesen.

Testerei – Häufig ein Test der Unternehmenskultur

Das „kriminelle Potential" von Bewerbern will Prof. Dr. Heinz Schuler mit einem neuen Persönlichkeitstest aufdecken, der unter seiner wissenschaftlichen Leitung an der Uni Stuttgart entwickelt worden ist.

Vermuten Sie als Testperson, weil z. B. Ihrer Großmutter auf offener Straße gerade die Handtasche geraubt worden ist, dass in unserer Gesellschaft Kriminalität weiter verbreitet ist, als allgemein angenommen wird, so wird bei Ihnen eine mangelnde Redlichkeit diagnostiziert, die Sie um Ihre Bewerbungschancen bringen kann.

Bei dieser Praxis ist es verständlich, dass psychologische Eignungstests vielfach auf Misstrauen und Skepsis bei Bewerbern stoßen.

Die Anwendung psychologischer Tests bei der Bewerberauswahl ist auch innerbetrieblich nicht unumstritten. Die Ablehnung kommt vor allem von Betriebsräten, die gestützt auf ihr Mitbestimmungsrecht bei Personalauswahlverfahren (§ 95 Betriebsverfassungsgesetz) psychologischen Testverfahren oft widersprechen.

Aus einer Umfrage des Instituts der deutschen Wirtschaft geht hervor, dass rund 90 % der deutschen Unternehmen bei der Einstellung von Nachwuchskräften sich zumindest teilweise auf die Ergebnisse von Eignungstests verlassen.

Ihre Chancen sind also gut, dass Sie durch die Testmühle gedreht werden.

Nur wenige Personalberater verzichten auf die Anwendung von Persönlichkeitstests. Mit wohl wollender Duldung der Auftraggeber, die selbst nie mit Psychotests arbeiten, um das Verhältnis zu ihren künftigen Führungskräften oder dem Betriebsrat nicht zu belasten, lässt sich so auch das Mitbestimmungsrecht bei Personalauswahlverfahren umgehen.

Tests wird es in Zukunft eher noch mehr geben, da kein Personalberater auf eine Ware verzichten wird, die sich gut verkauft. So kostet die Analyse des mit Fragebogen durchgeführten Eignungstests „Assess“ 150 bis 340 €.

Der Katalog der Testzentrale des Bundesverbandes deutscher Psychologen weist mehr als hundert Seiten verschiedene Testtitel aus, die sich mit fast jeder möglichen Fragestellung beschäftigen. Nach einer Befragung von Angela Schaar, Uni Eichstätt, wird das Freiburger Persönlichkeitsinventar (FPI) mit 32 % als häufigster Test für Fachpersonal eingesetzt.

Mit normierten Eignungstests soll bei Einstellungen Objektivität gesichert werden. Doch die DIN 33430 für die Personalauswahl erweist sich als unpraktikabel und wird als Arbeitsbeschaffungsmaßnahmen für Headhunter und Psychologen kritisiert.

Mittlerweile gibt es zahlreiche computergestützte Tests zur Bewerberauswahl. Statt Bewerber gleich zu einem aufwendigen Assessment einzuladen, treffen Unternehmen per E-Test ihre Vorauswahl.

Neben der Kostenersparnis sprechen für den elektronischen Bewerbercheck vor allem die Schnelligkeit und präzise Auswertung mit anschaulichen Graphiken und Ranglisten. Zudem sind sie online flexibel einsetzbar, sodass es keinen Unterschied macht, ob der Bewerber in New York oder Hamburg via Internet von Karlsruhe aus durchgecheckt wird.

Die meisten derzeit im Einsatz befindlichen E-Tests sind jedoch lediglich Fragebögen auf Bildschirmformat. (Siehe auch Kap. 2.1 Wie die Vorauswahl erfolgt.)

Die wenigsten Personaler sind selbst auf diese neue Form der Personalauswahl eingestellt und bevorzugen – wie bei der Bewerbung auch – die Papierform.

Für 10 % der kleineren Firmen gelten psychologische Tests als „sehr wichtiges“ Mittel. Großunternehmen kommen anders zur Sache. Außer Zeugnissen und Referenzen werden auch Intelligenz- und Persönlichkeitstests sowie der Graphologie außerordentliche

Bedeutung beigemessen – abhängig jedoch vom jeweiligen Bewerberkreis.

Die angewandten Testverfahren sagen manchmal mehr über die Unternehmenskultur aus, als dass sie für die Personalentscheidung hilfreich sind. In den USA werden nach Expertenschätzungen Persönlichkeitstests zehnmal häufiger eingesetzt als in Deutschland.

Die Zeit – Größter Stressfaktor beim Test

Stellen Sie sich insbesondere als qualifizierter Berufsanfänger auf Eignungsprüfungen und Tests ein. Das mindert die Schockwirkung, wenn Sie ohne Vorwarnung damit konfrontiert werden.

Die Vorbereitung auf einen Test halten die Betriebspsychologen meist schon aus Gründen ihres Selbstschutzes für unsinnig. Trotzdem gibt es einige Tricks, mit denen Sie einer solchen Prüfung ruhiger entgegensehen können.

Da die meisten Fragen in den gängigen Eignungs- und Intelligenztests auf ähnlichen Aufgabenstellungen beruhen und sich in Sprachstil und Frageweise gleichen, können Sie sich vorbereiten.

Durch das Erkennen der Teststruktur sind Sie in der Lage, die Bedeutung der Fragen zu erraten und so zu beantworten, dass Sie einen guten Eindruck bei Ihrem künftigen Arbeitgeber hinterlassen.

Tipp: Lösen Sie Testaufgaben mit einem überlegten Timing!

Kalkulieren Sie bei allen Testverfahren den Zeitfaktor richtig ein, denn er verursacht den meisten Stress. Dies ist von den Testentwicklern bewusst so konzipiert. Nur Genies schaffen es gelegentlich, alle Aufgaben zu lösen.

Gehen Sie an jeden Test mit einer überlegten und ökonomischen Zeiteinteilung heran.

Ihre Strategie: Bestätigung von Erwartungen

Entwickeln Sie Ihre Verhaltensstrategie in Testverfahren, indem Sie sich konsequent so darstellen, wie es der positiven Erwartung des Arbeitgebers entspricht.

Einige Testverfahren bieten Ihnen die Antwortmöglichkeit „unsicher“ oder „zweifelhaft“. Hüten Sie sich davor, solche Alternativen zu häufig anzukreuzen. – Sie werden als wenig entscheidungsfreudig eingestuft.

Tipp: Mogeln Sie beim Test – dann aber konsequent!

Mogeln beim Test ist wissenschaftlich bestätigt, denn unser Verhalten ist nicht von weitgehend unveränderlichen Persönlichkeitsmerkmalen und Charakterzügen bestimmt, vielmehr wählen wir in verschiedenen Situationen und Belastungen unterschiedliche Verhaltensstrategien. Wählen Sie Ihre Antwort so, dass der Testleiter Sie anschließend als tüchtig, aufgeschlossen, ehrlich, einfallsreich und durchsetzungsbereit einstufen kann. Bei der Beantwortung von Testfragen lassen Sie sich von folgender Grundhaltung leiten:

> „Ich habe meinen Vater und meine Mutter geliebt, aber meinen Vater ein bisschen mehr. Ich bin mit meinem Leben, so wie es ist, im Großen und Ganzen zufrieden. Ich liebe meine Frau und meine Kinder.“

Dieses Grundmuster gilt als normal und entspricht der Erwartung des Arbeitgebers.
Präsentieren Sie sich als sorglosen, menschenfreundlichen und gesunden Menschen. Übertreiben Sie jedoch nicht!
Manche Testentwickler haben in ihren Formblättern so genannte Lügenfragen eingearbeitet. Prüfen Sie deshalb Antwortalternativen wie „immer“ oder „nie“ besonders sorgfältig, bevor Sie sich dafür entscheiden. Geben Sie auch mal eine kleine Schwäche zu.
Fragen Sie nach den Testergebnissen und lassen Sie sich das Ergebnis interpretieren.
Begnügen Sie sich nicht mit dem bloßen Ergebnis, Sie haben einen Anspruch auf eine ausführliche Interpretation.

Tests – Schwindel und Stümperei?

„Es gibt weder für die Testerei selbst, noch für Urteile, Entscheidungen, Empfehlungen, die sich ihrer bedienen, eine sichere, hinreichende, auch nur in dieser oder jener Hinsicht verlässliche

Grundlage. Sie sind – sieht man genauer hin – ein zu mächtiger, irritierender Größe aufgeblasener Schwindel", stellt Siegfried Grubitzsch von der Uni Oldenburg fest.

Bei aller Testerei ist es schon erstaunlich, wenn von den mehr als 5 Millionen Westdeutschen, die jährlich die Stelle wechseln oder ihr Berufsleben beginnen, bis zu 40 Prozent nach einem Jahr wieder ausscheiden. Jede dritte Führungskraft steht die Probezeit nicht durch.

Eine Untersuchung der Karrierewege von 228 Assessment-Center-Absolventen im Unilever-Konzern bestätigt: der tatsächliche Aufstieg im Unternehmen hängt zu 84 Prozent von Einflüssen ab, die im Assessment-Center nicht gemessen werden.

„Die Ergebnisqualität von Assessment-Center ist schlechter als ihr Ruf" ist die Feststellung in einer neuen Untersuchung. Und dies in einem Test- und Auswahlverfahren, das als das renommierteste gilt.

Jedoch gibt es noch Trostloseres aus den Testlabors zu berichten: Intelligenztests bringen es bestenfalls auf 9 Prozent Gemeinsamkeit mit den Erfolgskriterien; Leistungs- und Persönlichkeitstests auf 4 Prozent.

Wenn Tests tatsächlich irgend etwas messen, dann weiß jedenfalls niemand, was es eigentlich genau ist.

Oder liegt es an der stümperhaften Anwendung der Testverfahren? Denn obwohl der Berufsverband deutscher Psychologen „Grundsätze für die Anwendung psychologischer Eignungsuntersuchungen in Wirtschaft und Verwaltung" erarbeitet hat, verzichten die meisten Personalchefs auf eine fachlich qualifizierte Testauswertung, wie der Psychologe Heinz Schuler herausfand.

Aus Kostengründen wird nur jeder zehnte Test fachgerecht ausgewertet. Kostet doch die Auswertung eines Persönlichkeitstests für einen Azubi durch einen erfahrenen Diplompsychologen bereits ca. 130 Euro und für eine Führungskraft das Mehrfache. So sind die meisten Testergebnisse bestimmt vom simplen psychologischen Sachverstand ungeschulter Personalleute.

Ausgelesen wird der, der dem Testleiter, dem Vorgesetzten, dem Personalsachbearbeiter, der Abteilung, dem Betrieb gegenüber loyal ist. Auf der Strecke bleiben die Störenfriede, Querdenker, Andersdenkenden, Eigenbrödler, Homosexuellen etc.

Test contra Zufall oder Willkür?

Tröstlich bleibt, dass Testverfahren nie isoliert von übrigen Auswahlverfahren eingesetzt werden, denn sie dienen nur der Klärung und nicht der Entscheidung. Sie sind gewissermaßen die zweite Auswahlrunde nach der Bewertung der Bewerbungsunterlagen und liegen meist vor der entscheidenden letzten Runde, dem persönlichen Gespräch mit dem Bewerber.

Zuordnungsmethoden auf der Grundlage des Eignungsprinzips sind für die Optimierung des Verhältnisses Mensch und Arbeit unbedingt erforderlich. Es wäre unsinnig, jedem unabhängig von seinen Fähigkeiten und Anlagen selbst zu überlassen, wie und wo er im Arbeitsprozess eingesetzt wird.

Die völlige Abschaffung von Tests würde zu anderen, ebenso bedenklichen Zuordnungsverfahren, nämlich zur Personalauswahl durch Zufall und Willkür führen, oder es helfen nur noch persönliche Beziehungen.

Die kritische Würdigung der herkömmlichen Testverfahren sollte Ihnen helfen, dass Sie

- den relativen Stellenwert der gebräuchlichen Tests erkennen und auch bei positiven Ergebnissen den Prognosewert über Ihre Eignung nicht überschätzen,
- sich bewusst machen, wie sehr ein Testergebnis mit Fehlern behaftet ist, und Sie deshalb in Ihrer Selbsteinschätzung nicht zu falschen Schlüssen verleitet werden sollen,
- sich die Testergebnisse zur Verfügung stellen und erläutern lassen, um unterschiedliche Erwartungen und Bewertungen zwischen Ihnen und dem Beurteiler zu erkennen – und um sich (bei dem nächsten Test) darauf einstellen zu können.

So bestehen und überstehen Sie souverän jedes Testverfahren:

(1) Bereiten Sie sich auf Tests vor, da Ihre Chancen, gute Ergebnisse zu erzielen, deutlich steigen! Für einen AC ist eine vorausschauende Informationen besonders wichtig!

(2) Lehnen Sie niemals ab, sich einem Test zu unterziehen! – Auch wenn es Ihnen niemand direkt sagt, sind Sie mit Ihrer Weigerung aus dem Rennen!

(3) Nehmen Sie vor dem Test keinen Alkohol oder Psychopharmaka zu

sich, und trinken Sie (auch Kaffee, Tee) in Maßen! Reichlich Schlaf vor dem Test stärkt Ihre Leistungsfähigkeit und vor allem Ihre Nerven!

(4) Lassen Sie sich genau über Art und Umfang des Tests unterrichten!
(5) Fragen Sie, warum der Test für die angestrebte Position wichtig ist!
(6) Studieren Sie die Testanleitungen besonders sorgfältig und scheuen Sie sich nicht, dazu Fragen zu stellen!
(7) Überlegen Sie bei Persönlichkeitstests, ob Sie wahrheitsgetreu antworten oder schummeln wollen – dann aber konsequent!
(8) Lesen Sie bei Tests ohne Zeitvorgabe erst alle Fragen durch, damit Sie hinter den Sinn des gesamten Testprogramms kommen!
(9) Lösen Sie bei Tests mit Zeitvorgabe möglichst viele Fragen, die Sie gleich richtig beantworten können! Alle Fragen können Sie bei den meist umfangreichen Tests ohnedies nicht beantworten.
(10) Bilden Sie sich weiter, denn Allgemeinbildung ist gefragt!
(11) Verlangen Sie, dass die Testergebnisse mit Ihnen besprochen werden!
(12) Take it easy! – Sie können beim Test wenig verlieren, aber viel gewinnen – entweder die Stelle oder neue Erfahrungen auch über sich selbst!

3.4 Welchen Kriterien Sie entsprechen müssen

Wie sich im gesellschaftlichen Wandel das Bild vom Menschen ändert, so werden auch die individuellen Interessen, Eigenschaften und Fähigkeiten von Bewerbern immer wieder neuen Bewertungen durch den Arbeitgeber unterworfen.

Dabei erfolgt die Orientierung an den Erfordernissen der Arbeitswelt und den Erwartungen des jeweiligen Arbeitgebers, aber auch am gesellschaftlichen Wandel und der geänderten Einstellung der Mitarbeiter.

Das Einstellungskriterium „Persönlichkeit" wird bei der Personalauswahl vorrangig genannt.

Doch der Bewerber kann meist nur ungefähr erahnen, was das jeweilige Unternehmen darunter versteht.

Während sich die fachliche Qualifikation relativ genau bestimmen lässt und in einem Stellenangebot darstellbar ist, können Persönlichkeitsmerkmale unterschiedlich ausgedrückt und aufgefasst werden.

Doch zunehmend geben gerade diese persönlichen Qualifikationsmerkmale bei personellen Entscheidungen den Ausschlag. In ihnen konkretisieren und dokumentieren sich die Erwartungen des Arbeitgebers gegenüber neuen Mitarbeitern in besonderer Weise.

Persönlichkeit und Qualifikation

In der Aussage eines Unternehmers, dass es „ kaum etwas Schlimmeres als einen langweiligen Lebenslauf" gibt, bestätigt sich, dass solides Fachwissen und gute Zeugnisse zwar wichtig sind, aber nicht mehr für den beruflichen Erfolg ausreichen.

Neben dem Qualifikationsprofil ist das Persönlichkeitsprofil entscheidend für die Personalauswahl, wie eine Untersuchung des Instituts der deutschen Wirtschaft ergeben hat.

Ganz oben auf der gewünschten Skala der personenbezogenen Einstellungskriterien, den so genannten „Softskills" stehen Teamfähigkeit, Leistungsbereitschaft, Kreativität und Kommunikationsfähigkeit.

Persönlichkeitsprofil	**Qualifikationsprofil**
Leistungsbereitschaft	Berufliche Flexibilität
Problemlösungsfähigkeit	Fremdsprachenkenntnisse
Initiative	Regionale Mobilität
Kooperationsfähigkeit	Praktische Berufserfahrung
Lernbereitschaft	Berufseintritts-/Lebensalter
Teamfähigkeit	Studiendauer
Kreativität	Informatik-Kenntnisse
Mündliche Kommunikation	Note des Examens
Gutes Auftreten	Technische Kenntnisse
Führungspotential	Auslandsaufenthalt
Anpassungsfähigkeit	Kenntnisse über Betriebssysteme
Selbstsicherheit	Hochschulort
Schriftliche Kommunikation	Promotion
Breite der Interessen	

Quelle: Der Arbeitgeber

Tipp: Greifen Sie Auswahlkriterien im Gespräch argumentativ auf!

Es sind die überfachlichen Qualifikationen, die bei Bewerbungen den Ausschlag geben. Achten Sie deshalb schon in den Personalanzeigen auf Persönlichkeitsmerkmale und hören Sie im Vorstellungsgespräch hin, worauf man Wert legt und entwickeln Sie dahin Ihr Selbstbild und Eigenprofil.

Selbsttest – Konfliktfähigkeit

Mangelnde soziale Kompetenz der Bewerber ist nach einer Befragung von über 100 Personalverantwortlichen durch die Unternehmensberatung Kienbaum Consultants das größte Hindernis bei der Stellenbesetzung.

Persönliche Fähigkeiten und soziale Kompetenz lassen sich am besten aus der Erkenntnis der Stärken und Schwächen und eigener Verhaltensweisen feststellen und entwickeln.

Beispiel: Konfliktfähigkeit

Negatives Verhalten	**positives Verhalten**
Ich unterbreche laufend.	Ich höre zu und wehre nicht ab.
Ich mache Witze auf Kosten anderer.	Ich suche nach brauchbaren Kompromissen.
Ich werde aggressiv.	Ich suche aktiv nach Lösungsmöglichkeiten.
Ich werde zynisch.	Ich scheue nicht den Konflikt.
Ich benutze Killer- oder Scheinargumente.	Ich spreche Spannungen an.
Ich werde laut.	Ich zeige gemeinsame Vorteile auf.
Ich kann Beobachtungen nicht akzeptieren.	Ich argumentiere sachlich.
Ich moralisiere.	Ich bleibe ruhig.
Ich reagiere beleidigt.	Ich spreche die Gefühlsebene an.
Ich ziehe mich bei Widerspruch zurück.	Ich lasse mich nicht einschüchtern.
Ich greife andere an.	Ich bekunde Verständnis für andere.
Ich weiche Konflikten aus.	Ich erkläre geduldig.
Ich betreibe Schuldzuweisung.	Ich suche Win-Win-Lösungen.

Praxis durch Praktika

Immer mehr Abiturienten bereiten sich vor dem Studium mit einer Berufsausbildung auf ihr späteres Arbeitsleben vor.

Doch die Doppelqualifikation hält nicht immer, was sich der Absolvent davon verspricht, wie ein Vergleich der Starteinkommen von Uni-Absolventen gezeigt hat. Berufsanfänger mit Doppelqualifikation hatten kein höheres Anfangsgehalt als Direkt-Absolventen.

Freiwillige Praktika werden als selbstverständlich vorausgesetzt und gelten als Sprungbrett zum Job. Dazu zählen alle Nebenjobs während des Studiums – auch ohne Bezug zum Studienfach, denn alle Erfahrungen im Arbeitsleben sind für Berufsanfänger wichtig und wertvoll. Der Teilzeitstudent ist der Regelfall, deshalb kann die notwendige Studienfinanzierung als plausible Begründung für eine längere Studiendauer gelten.

Gute Praktikumsplätze ermöglichen die Mitarbeit an konkreten Projekten und sollten mindestens 2 bis 3 Monate dauern.

Praktika garantieren keinen Arbeitsplatz, aber für den Berufseinstieg sind sie unerlässlich. Ohne Erfahrung ist der Berufsstart nahezu ausgeschlossen. Auch wenn Praktikanten häufig nur als billige Arbeitskräfte eingestellt werden, so gibt es für Berufsanfänger mit Hochschulabschluss oft keine Alternative für den Erwerb der geforderten Berufserfahrung.

Nach einer Studie der Unternehmensberatung Kienbaum wandelt sich bei den Unternehmen die Bewertung der Praktikantentätigkeit, indem Praktikanten mit anspruchsvollen Aufgaben betraut werden und voll im Arbeitsprozess integriert sind. Damit bestehen gute Voraussetzungen für berufliche Erfahrungen, mit denen Sie punkten können. Nach einem einmonatigem Praktikum ist man jedoch noch nicht fit für den Job, sodass ein Praktikum länger dauern sollte, ohne gleich ausgebeutet zu werden.

In der Initiative der Zeitschrift „Junge Karriere“ haben bereits über 200 Großbetriebe das „Gütesiegel Fair Company“ erworben, das eine seriöse Werbung für Praktikantenplätze bescheinigt.

WEBTIPP: www.karriere.de; Stichwort Fair Company

Schließlich kann aus einem Praktikum ein Job werden, wenn Sie durch Ihre Leistungen dem Vorgesetzten Argumente liefern, dass für die Aufgaben, die Sie erledigen, eine Planstelle bewilligt werden sollte.

Tipp: Nutzen Sie Praktika als Einstieg in den Beruf!

Wenn Sie nach dem Studienabschluss keine geeignete Anfangsposition finden, sollten Sie eine Übergangsbeschäftigung ins Auge fassen. Mit einer Erwerbstätigkeit verbessern Sie Ihre Bewerbungschancen erheblich.

Ein Auslandsaufenthalt für ein Sprachstudium oder Praktikum wird als persönliche Qualifizierungsoffensive immer häufiger von Absolventen genutzt und verbessert die Bewerbungschancen mit einem zusätzlichen Qualifikationsnachweis. Die Auslandskomponente wird künftig bereits während des Studiums mit der Angleichung der Bachelor- und Masterabschlüsse auf europäischer Ebene eine hervorragende Rolle spielen. Als besonders zielstrebig und karriereorientiert gelten Absolventen des Zweiten Bildungsweges. Vor allem wenn sie parallel zur Berufstätigkeit ihre Hochschulzulassung erworben haben, benötigen sie ein hohes Maß an Disziplin, Ausdauer und Durchsetzungsvermögen, das ihnen sowohl während des Studiums als auch im späteren Berufsleben weiterhilft.

Ein wichtiges Beurteilungskriterium für die Einstellung neuer Mitarbeiter ist insbesondere bei Großunternehmen die grundsätzliche Bereitschaft zur Mobilität. Eine zukünftige Führungskraft muss bereit sein, im gesamten Bundesgebiet oder im Ausland eine Stelle anzutreten.

Arbeitgeber bewerten bei Berufsanfängern und Nachwuchskräften mit Hochschulstudium folgende Kriterien positiv:

Pluspunkte im Lebenslauf

- Kurzes Studium und Altersgrenze zwischen 26–28 Jahren,
- gutes Examen und in der Praxis verwertbare Studienschwerpunkte,
- Auslandsstudium bzw. -aufenthalt, vor allem in den USA,
- Beherrschung der englischen und/oder französischen Sprache.

  Das hängt von der Firma und Branche ab. Englisch ist immer noch vorherrschend, vor allem in Werbung, Marketing und Verkauf. Im Top Management ist Englisch später unerlässlich.

Französisch ist im Dienstleistungssektor, vor allem im Bankenbereich und im Export wichtig.
- Doppelqualifikation mit Lehre und Studium,
- Betriebspraktika und Projektmitarbeit,
- nationale Mobilität,
- Promotion, wenn eine Tätigkeit in Lehre und Forschung oder Unternehmensberatung angestrebt wird, in einzelnen Industriebereichen (Chemie, Vorstandsassistent),
- Zweiter Bildungsweg.

Greifen Sie diese Kriterien, soweit Sie welche erfüllen, argumentativ auf und nutzen Sie damit vorhandene Einschätzungen von Arbeitgebern zu Ihrem Vorteil.

„Der Studienort macht's" – Wirklich?

Der Streit der Gelehrten mit den Unbelehrbaren bleibt entfacht: es geht um die so genannte Ranking-Liste: „...wer ist die beste Uni im Land?"

Der Evaluationsboom begann mit dem Spiegel-Ranking 1989 und setzte sich mit der Suche nach der besten deutschen Universität fort (im Spiegel, Stern, Focus, Forbes, Managermagazin etc.).

Das Centrum für Hochschulentwicklung (CHE) hat mit 250 Hochschulen in Deutschland, Österreich und der Schweiz in über 35 Fächern und einer Befragung von 21 000 Studenten die bisher umfangreichste Untersuchung über deutsche Hochschulen vorgelegt. Das CHE-Ranking kennt keine Rangplätze, sondern teilt die Hochschulen eines Faches ein in eine Spitzengruppe, Mittelgruppe und Schlussgruppe.

Statt eines Gesamtergebnisses wird aufgezeigt, wie die einzelnen Hochschulen unter verschiedenen Gesichtspunkten abschneiden. Dabei werden pro Fach bis zu 30 Qualitätsmerkmale erfasst. So liegen im Fach BWL/Wirtschaftswissenschaften die Universitäten Mannheim und Münster in der Gunst der Studenten und Professoren in der Spitzengruppe. Die Uni Hannover schaffte es bei allen Beurteilungskriterien viermal in die Spitzengruppe.

WEBTIPP: www.che-ranking.de

Im Ringen um die Ränge wird es wohl so sein, was der Essener Wirtschaftswissenschaftler Bisani herausgefunden hat: dass Personalchefs ihre eigenen Universität meist an die Spitze setzen. – „Halo-Effekt" nennt man dieses Bewertungsverhalten in der Betriebspsychologie.

Lassen Sie sich also nicht beirren, wenn Sie als Studienort nicht eine der besten Adressen vorzeigen können. Sie werden andere Argumente finden, die für Sie und Ihre Qualifikation sprechen. Wenn Ihr Studienort jedoch im Ranking stimmt, sollten Sie damit argumentieren, denn nichts ist überzeugender als die Bestätigung von Vorurteilen.

So entsprechen Sie – neben Ihrer fachlichen Qualifikation – am ehesten dem Bild vom gesuchten Mitarbeiter:

(1) Gewinnen Sie aus dem Stellenangebot das Mitarbeiterbild des Unternehmens!
(2) Berücksichtigen Sie die wichtigsten Persönlichkeitsmerkmale!
(3) Greifen Sie einzelne Merkmale bewusst argumentativ in Ihrer Bewerbung auf!
(4) Entwickeln Sie gegebenenfalls durch Training und Weiterbildung Ihr Persönlichkeits-/Erscheinungsbild!
(5) Bekennen Sie sich zu den „Tugenden", auf die das Unternehmen besonderen Wert legt!
(6) „Bleiben S' Mensch!" – und übernehmen Sie keine Rolle, die Ihnen nicht entspricht oder die Ihnen sogar widerspricht!

3.5 Wie Sie das Vorstellungsgepräch erfolgreich führen

Im Vorstellungsgespräch müssen Sie Überzeugungsarbeit leisten. Ihre Argumentationsfähigkeit steigern Sie, indem Sie einige Grundsätze der Dialektik berücksichtigen.

Dialektik ist die Kunst zu überzeugen. Es geht darum, andere Menschen durch eine **sachlich fundierte, psychologisch gesteuerte** und **emotional wirkungsvolle Argumentation** zur inneren Annahme Ihres Standpunktes, Ihrer Thesen, Ihrer Absicht oder Beweismittel zu bewegen.

Das Training dialektischer Fähigkeiten ist nur sinnvoll, wenn es Verbesserungen im Verhaltensbereich mit einbezieht.

Dies gilt vor allem, wenn Sie Schwierigkeiten in Vorstellungsgesprächen haben und Sie sich gezwungen sehen, Ihr Verhalten besser zu kontrollieren und zu ändern.

Der erste Schritt dabei ist die sorgfältige Analyse der eigenen Stärken und Schwächen:

- durch laufende Selbstkontrolle und Erfahrungsverarbeitung,
- durch das Lernen aus offener und ehrlicher Rückmeldung (Feedback),
- indem Sie den Alltag als Übungs- und Anwendungsfeld nutzen.

Erster Schritt: Aktiv und zielwirksam vorbereiten

Für die Vorbereitung auf ein aktiv und argumentativ geführtes Vorstellungsgespräch beantworten Sie sich die folgenden Fragen:

- Was will ich erreichen?
- Was spricht für mich?
- Was spricht evtl. gegen mich?
- Wie führe ich den Nachweis?
- Wie begegne ich evtl. Einwänden?

Ihre Überzeugungsziele im Vorstellungsgespräch sollten sein:

- Informationsdefizite abzubauen,
- Übereinstimmungen deutlich zu machen,
- Vertrauen und Glaubwürdigkeit aufzubauen,
- den eigenen Standpunkt vermitteln,
- Ihre Person überzeugend darzustellen,
- Ihre Gesprächspartner zum Handeln zu veranlassen.

Konzentrieren Sie sich bei der Vorbereitung auf diejenigen Inhalte und Informationen, die Ihren Überzeugungszielen dienen.

Sorgfältige und gründliche Vorüberlegungen erleichtern es Ihnen, das eigene Urteil möglichst gut zu begründen und die Gegenargumente und Einwände rasch einzuordnen, zu prüfen, zurückzuweisen oder gegebenenfalls zu modifizieren und weiterentwickeln zu können.

Eine gute Vorbereitung schafft zudem mehr Assoziationsmöglichkeiten für schlagfertige Antworten und mehr innere Sicherheit in schwierigen Situationen.

Überlegen Sie proaktiv, mit welchen Bedenken und Vorurteilen Sie rechnen müssen, und erarbeiten Sie sich mögliche Gegenargumente. Bei der Darstellung Ihrer Argumente sollten Sie vor allem darauf achten, dass abstrakte Zusammenhänge und allgemeingehaltene Beschreibungen durch Beispiele belegt und veranschaulicht werden.

Zweiter Schritt: Argumentieren im Fünfsatz

Fünfsätze sind gedankliche Baupläne, die es erlauben, in fünf Denkschritten (daher Fünfsatz) kurz, sachlogisch, geordnet, einprägsam und zielgerecht zu argumentieren.

Für ein Vorstellungsgespräch eignet sich die so genannte Standpunktformel, wenn Sie Ihr Statement vortragen.

Die Methode des Fünfsatzes erleichtert es Ihnen, ein Statement bei der Vorstellung situativ und hörerbezogen zu entwickeln.

Fünfsatztechnik im Vorstellungsgespräch

- Standpunkt nennen: „Ich bin für die angebotene Stelle der geeignete Bewerber."
- Argumente liefern: „Ich besitze die geforderten
  - Kenntnisse ...
  - Fähigkeiten ...
  - Erfahrungen ...
- Beispiele anführen: „In der ... Aufgabe konnte ich die und die Fähigkeiten unter Beweis stellen." (Belege erbringen)
  - „Als Nachweis für die und die Qualifikation darf ich auf das Zeugnis der Firma XY hinweisen."
- möglichen Einwänden begegnen: „In kurzer Zeit konnte ich einen großen Verantwortungsbereich übernehmen."
- Fazit ziehen: „Dies erlaubt es mir, den Aufgabenbereich voll zu erfüllen."

Dabei sollten Sie bedenken:

- dass Sie Ihre Argumente nicht zu früh bringen,
- dass Sie bei mehreren Argumenten das Beste an den Schluss und das zweitbeste an den Anfang stellen,

- dass sich Ihr Gesprächspartner bei einer Argumentationskette das schwächste Glied suchen und kritisieren wird.

Besondere Aufmerksamkeit sollten Sie denjenigen Argumenten schenken, die für die angestrebte Position Schlüsselcharakter haben.

Wer überzeugen will, muss in der Lage sein, sich wirkungsvoll mit Einwänden und anderen Meinungen und Auffassungen auseinander zu setzen. Dies gilt insbesondere für die Überzeugungsarbeit im Vorstellungsgespräch.

Begreifen Sie einen Einwand als eine Chance, denn hinter jedem echten Einwand steckt eine Frage oder gar der Wunsch nach einer Verständnishilfe.

Dritter Schritt: Sympathiefeld aufbauen

In einem Vorstellungsgespräch müssen Sie in einem hohen Maße überzeugen. Dies wird jedoch nur gelingen, wenn Sie auch eine emotionale Brücke zu Ihrem Gesprächspartner aufbauen. Ihr Gesprächspartner wird Ihren Argumenten nur dann innerlich zustimmen, wenn er Sie als Mensch, bewusst oder unbewusst, glaubwürdig einschätzt und Sie sein Vertrauen gewinnen.

Für diese Vertrauensbildung sind förderlich:

- ein guter erster und auch guter letzter Eindruck,
- Verbindlichkeit und Kontinuität sowie Zielorientierung und Konsequenz in Ihrem Verhalten,
- die Betonung gemeinsamer Interessen,
- ein offener ruhiger Blick und ein Verhalten, das den anderen emotional nicht einengt,
- die Vermeidung von Imponiergehabe, Langatmigkeit, Ichbezogenheit, Anbiedern sowie eines distanzerzeugenden Perfektionismus.

Ein guter Wirkungsfaktor in dieser Überzeugungsarbeit ist der Witz oder ein Bonmot – oder ganz einfach Humor. Der Humor hilft Ihnen viele Situationen zu entkrampfen, denn selbst in einem ernsten Vorstellungsgespräch bleibt eine humorvolle Bemerkung nicht ohne positive Wirkung.

Zuhören statt hinhören schafft Vertrauen!

Das Zuhören macht einen Großteil der menschlichen Kommunikation aus. Wer nicht zuhören kann, genießt weniger Sympathie und Vertrauen bei seinen Mitmenschen, und damit fehlen ihm zwei wichtige Voraussetzungen persönlicher Überzeugungskraft. Es wird ihm schwer fallen, seine Gesprächspartner emotional für sich einzunehmen und sie für seine Person zu öffnen.

„Am besten überzeugt man mit den Ohren", sagte einmal der ehemalige amerikanische Außenminister Dean Rusk, „indem man anderen zuhört."

Zuhören ist in erster Linie auch eine Frage der menschlichen Grundeinstellung.

Aktives Zuhören bedeutet dabei bewusst und anteilnehmend zuhören, deutlich Interesse für den Gesprächspartner und seine Gedanken zeigen und nicht vorschnell auf das Gesagte reagieren.

Im Kern bedeutet aktives Zuhören, dass der Gesprächspartner im Mittelpunkt unseres Interesses steht.

Tipp: Zeigen Sie durch aktives Zuhören Ihr Interesse für den Gesprächspartner!

Sehen Sie den Gesprächspartner an, während er spricht, und geben Sie ihm nonverbal (z. B. durch Kopfnicken), oder verbal (z. B. durch Einwerfen einer kurzen Zwischenbemerkung oder Frage) zu verstehen, dass Sie seinen Ausführungen folgen.

Machen Sie es sich im Bewerbungsgespräch zur Gewohnheit, immer erst aufmerksam zuzuhören, dann darüber nachzudenken und erst danach zu antworten.

Viele Bewerber antworten viel zu schnell und deshalb auch unüberlegt.

Checkliste „Aktives zuhören"

- Konzentrieren Sie sich auf die Ausführungen und möglichen Einwände Ihres Gegenübers. Nur, wenn Sie dessen Worte richtig verstehen und diese nicht nur hören, haben Sie die Chance seine Absichten und Wertungen zu erkennen.
- Lassen Sie Ihren Gesprächspartner ausreden und signalisieren Sie

ihm durch Blickkontakt und mit Ihrer Gestik und Mimik Ihr Interesse.
- Reflektieren Sie und stellen Sie klar, was Sie verstanden haben.
- Tragen Sie zu einem kooperativen Gesprächsklima bei.
- Seien Sie ehrlich mit der Anerkennung ohne Lobhudelei.
- Lassen Sie sich unter keinen Umständen provozieren.

Der Alltag als Übungsfeld

Bemühen Sie sich um eine gute Sprechtechnik, insbesondere eine klare Artikulation, mäßiges Sprechtempo und den gezielten Einsatz von Pausen. Unter rhetorischem Aspekt ist schließlich zu bedenken,
- dass Sie im verbalen Ausdruck und auch in der Körpersprache (Gestik, Mimik und Motorik) etwas sparsamer sein sollten als Ihr Gegenüber,
- dass Sie an Wirkung gewinnen, wenn Sie im Falle eines laut und schnell sprechenden Partners betont leiser und langsamer antworten.

Es empfiehlt sich, die vielen Besprechungen, Verhandlungen und Diskussionen des Alltags als Lernquelle zu nutzen, um Stärken und Schwächen zu erkennen.

Sie sind zudem das wichtigste Übungsfeld, um das eigene Kommunikationsverhalten zu vervollkommnen.

So erweisen Sie sich als Bewerbungs-Profi:

(1) Informieren Sie sich über die einladende Firma!

(2) Achten Sie auf ein korrektes und gepflegtes Äußeres!

(3) Kleiden Sie sich angemessen! Für die Vorstellung bei einer Werbeagentur werden Sie sich anders kleiden können als bei einer Bank oder einem konservativen Industrieunternehmen.

(4) Kommen Sie pünktlich zum Vorstellungsgespräch!
Absolute Pünktlichkeit wird erwartet! – Zudem: Setzen Sie sich nicht selbstverschuldet unter Zeitdruck und kommen Sie nicht abgehetzt an.

(5) Machen Sie ein freundliches Gesicht!
So gewinnen Sie schon bei der Begrüßung Sympathien und verstärken den ersten positiven Eindruck. Miesepeter sind wenig gefragt und selten erfolgreich.

(6) Entwickeln Sie ein Vorstellungskonzept!
- Ausbildung und Berufsentwicklung im Blick auf die angebotene Stelle darlegen.
- Schwachstellen erkennen und für mögliche Bedenken glaubhafte und schlüssige Erklärungen überlegen/vorformulieren.
- Angemessene und realistische Zielvorstellungen über die künftige Aufgabenstellung und den beruflichen Aufstieg entwickeln.

(7) Argumentieren Sie stellen-/aufgabenbezogen!
Stärken und Leistungen mit Fakten und Beispielen belegen.

(8) Antworten Sie sachbezogen, knapp und überlegt!
Für Sie gibt es keine Fangfragen. Antworten Sie auf überraschende Fragen nicht sofort. Gewinnen Sie Zeit durch Rückfragen.

(9) Stellen auch Sie Fragen!
Nach allem, was für Ihre Entscheidung wichtig ist. Überraschen Sie durch Detailkenntnisse!

(10) Beherrschen Sie sich äußerlich!
Ihre Körpersprache kann verräterisch sein. Wenn Sie nervös oder stark angespannt werden, setzen Sie sich aufrecht hin, lassen Ihre Hände ruhen und „hängen Sie Ihre Schultern aus“. Autogenes Training kann Ihnen bei Vorstellungsstress helfen.

(11) Schimpfen Sie nicht über vorherige Arbeitgeber!

(12) Reden Sie über Geld erst zum Schluss!

(13) Verlieren Sie nicht aus den Augen, dass Sie etwas zu bieten haben und dass sich Ihr Gesprächspartner bereits für Sie vorentschieden hat!

(14) Vertrauen Sie auf die Gunst der Stunde und Ihr Glück!

3.6 Was Sie beim Arbeitsvertrag beachten sollten

Es war ein großer Tag im Leben des Gerhard Schreiber, Sachbearbeiter für Kostenrechnung in der Abteilung Großprojekte, als ihm sein neuer AT-Vertrag ausgehändigt wurde.

Der Personalchef lobte seine überzeugenden Leistungen in der Kostenrechnung und seinen weit überdurchschnittlichen Arbeitseinsatz und meinte, er sei für den Betrieb fast unentbehrlich geworden.

Jetzt gehörte er dazu – zum erlesenen Kreis der außertariflichen Angestellten (AT) – und sein Weg nach oben schien vorgezeichnet.

Längere Kündigungsfrist, bessere Altersversorgung und Unfallversicherung und natürlich ein höheres Gehalt wurden ihm vertraglich zugesichert – statusgemäß.

Aber hätte Gerhard Schreiber nachgerechnet, wie er dies mit Genauigkeit und Kompetenz bei den Millionenprojekten des Unternehmens machte, so hätte er den AT-Vertrag ablehnen müssen.

Denn künftig bekam er keine Überstunden mehr bezahlt, und seine längere Kündigungsfrist erschwerte einen beruflichen Wechsel oder Aufstieg, wenn sich ihm kurzfristig eine Chance bietet.

Aber Statussymbole sind eine Sache und Kostenrechnung ist eine andere – wahrscheinlich wird Gerhard Schreiber Kostenrechner bleiben.

Vertragsfreiheit und Weisungsrecht

Beim Arbeitsvertrag herrscht grundsätzlich Vertragsfreiheit, vor allem für Führungskräfte und AT-Angestellte. Für die übrigen Arbeitnehmer sind gesetzliche und tarifvertragliche Regelungen des Arbeitsverhältnisses bindend.

Aber nicht nur als Führungskraft sind Sie im Vertragspoker Ihres Glückes Schmied, denn auch in Formularverträgen sind für Tarifangestellte Modifizierungen und Ergänzungen möglich und oft nötig.

Nach § 611 BGB sind Sie zu Leistungen der im Arbeitsvertrag versprochenen Dienste verpflichtet. Der Inhalt dieser Pflicht bestimmt sich nach den einzelnen vertraglichen Abmachungen, den gesetzlichen Arbeitnehmerschutzbestimmungen, Tarifverträgen und Betriebsvereinbarungen.

Da die Dienstanweisungen im Arbeitsvertrag nicht in allen Einzelheiten und Punkten geregelt werden können, steht dem Arbeitgeber ein Weisungs- oder Direktionsrecht zu. Aufgrund dieser Weisungsbefugnis kann der Arbeigeber Ihnen bestimmte Arbeiten zuweisen.

Durch den Arbeitsvertrag kann der Umfang der Direktionsrechte jedoch eingeschränkt werden, z. B. wenn Sie für eine konkret im Arbeitsvertrag festgelegte Tätigkeit eingestellt wurden. Wird dagegen die Tätigkeit nur fachlich umschrieben, so kann Ihnen der Arbeitgeber alle Arbeiten zuweisen, die sich mit dem Berufsbild vereinbaren lassen.

Tipp: Achten Sie auf eine detaillierte Stellenbeschreibung!

Generell wird sich der Arbeitgeber in einem Arbeitsvertrag vorbehalten, Sie auch anderweitig, z. B. auch an einem anderen Arbeitsort, einzusetzen.

Zweifelhaft ist, ob sich der Arbeitgeber im Arbeitsvertrag vorbehalten darf, dass die Versetzung auf einen geringerwertigen Arbeitsplatz zulässig ist und sich die Vergütung dann nach der neuen, d. h. geringeren Arbeitsplatzbewertung richtet.

Nach § 2 Kündigungsschutzgesetz genießt der Arbeitnehmer einen Inhaltsschutz gegen eine so genannte Änderungskündigung, der durch diesen Vorbehalt verletzt würde.

Probezeit – künftig 24 Monate?

Im Arbeitsvertrag wird in der Regel eine Probezeit vereinbart. Auch ohne die vertragliche Vereinbarung einer Probezeit ist tarifrechtlich in den ersten 6 Monaten eines neuen Beschäftigungsverhältnisses eine Kündigung von Arbeitgeber und Arbeitnehmer problemlos möglich. Der Kündigungsschutz greift erst nach einem halben Jahr Betriebszugehörigkeit.

Demnach ist nicht die Vereinbarung einer Probezeit – in der Regel 3 Monate – für Sie entscheidend, sondern die 6-Monats-Frist des Kündigungsschutzgesetzes.

Nach einem Gesetzentwurf der Bundesregierung soll künftig der Kündigungsschutz erst nach 24 Monaten Betriebszugehörigkeit gelten, d. h. de facto würde zunächst ein Probearbeitsverhältnis von zwei Jahren bestehen.

Tipp: Achten Sie auf eine Befristung im Arbeitsvertrag!

Befristete Arbeitsverhältnisse – Sprungbrett für Einsteiger

Nach einer Umfrage bei 270 Mittelständlern nutzen knapp 60 % der Befragten heute vermehrt als früher befristete Arbeitsverträge.

Gut 2,2 Millionen Männer und Frauen waren im Jahr 2004 zeitlich befristet beschäftigt; das waren 7,7 Prozent aller Arbeitnehmer.

Besonders häufig sind Zeitverträge bei Berufsanfängern anzutreffen. Von den Arbeitnehmern unter 30 Jahren war jeder fünfte nur befristet beschäftigt.

Generell nimmt die Tendenz zu, bei Neueinstellungen Zeitverträge abzuschließen. Fast die Hälfte der **neu** abgeschlossenen Arbeitsverträge sind zunächst Zeitverträge.

Mit der Verlängerung der Probezeit auf 24 Monate würde die bisher mögliche „sachgrundlose" zweijährige Befristung von Arbeitsverträgen entfallen.

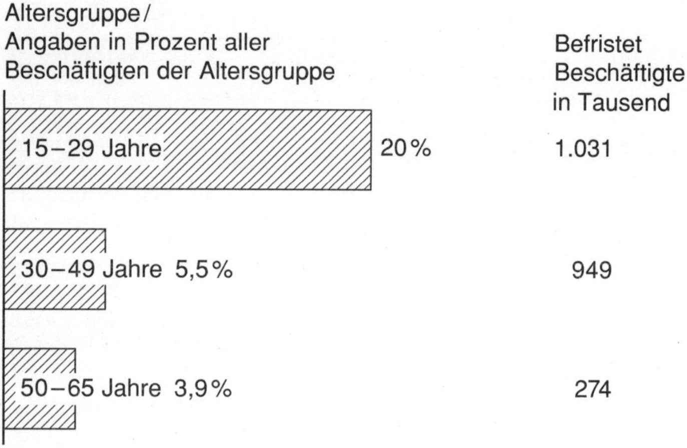

Abb. 9: Befristet Beschäftigte (Quelle: Statistisches Bundesamt 2005)

Bei Verlängerung von Zeitverträgen kann ein so genannter „Kettenarbeitsvertrag" entstehen, der rechtlich wie ein unbefristeter Arbeitsvertrag behandelt wird. Aus einer guten Verhandlungsposition heraus sollten Sie als Festangestellter sich nicht auf ein befristetes Arbeitsverhältnis einlassen.

Tipp: Stellen Sie sich auf das Angebot eines Zeitvertrages ein!

Viele Bewerber müssen sich damit abfinden, dass sie zunächst keinen Dauerarbeitsplatz erhalten, sondern einen befristeten Arbeitsvertrag angeboten bekommen.

Ihr überraschendes Angebot

Die mangelnde Flexibilität des Arbeitsrechts und die hohen Sozialabgaben sind die Hauptgründe für die Zurückhaltung mittelständischer Unternehmen bei der Schaffung neuer Arbeitsplätze, wie eine Umfrage der Arbeitsgemeinschaft Selbständiger Unternehmer (ASU) bei 237 Betrieben gezeigt hat.

Überwinden Sie das Hindernis mit einem überraschenden Angebot. Als Arbeitsloser oder Berufsanfänger können Sie Arbeit auf Probe anbieten. Als Spezialist oder Fachkraft mit langjähriger Berufserfahrung ist das Angebot einer freien Mitarbeit z. B. auf der Basis eines Werksvertrages im IT-Bereich nicht ungewöhnlich. Die Honorarsätze sind für eine freie Mitarbeit Verhandlungssache und müssen realistisch kalkuliert und gut begründet sein.

WEBTIPP: www.gulp.de

Durch Zeitarbeit zum festen Job

Neben dem befristeten Arbeitsvertrag und Teilzeitarbeitsverträgen kann Jobsharing oder auch eine Tätigkeit bei einem Zeitarbeitsunternehmen eine Chance zum Einstieg in das Berufsleben sein. Jobsharing bedeutet Aufteilung eines Arbeitsplatzes auf mehrere Arbeitnehmer/innen.

Beide Arbeitsverträge sind rechtlich voneinander getrennt. Mit dieser rechtlichen Klärung erweist sich ein Jobsharing-Vertrag durchaus als eine interessante Chance zum Einstieg oder Wiedereinstieg in eine berufliche Tätigkeit.

Rund 39 Prozent der Betriebe mit mehr als 500 Mitarbeitern nutzen Zeitarbeit als Leiharbeit – mit der Folge, dass die Stammbelegschaft abgebaut und die direkte Beschäftigung eingeschränkt wird, wie das Institut für Arbeitsmarkt- und Berufsforschung (IAB) in einer Studie feststellt.

„Wir werden immer attraktiver" freut sich Elmar Hoff, Geschäftsführer bei Adecco Deutschland, denn zunehmend entdecken auch

Hochschulabsolventen die Zeitarbeit als Einstieg in das Berufsleben. So ist in den letzten Jahren der Anteil der Akademiker stetig um 20 Prozent gewachsen. Zeitarbeit ist ein attraktives Sprungbrett ins Berufsleben auch für qualifizierte Bewerber geworden.

Die 5 umsatzstärksten Zeitarbeitsunternehmen in Deutschland:
- Randstad, Eschborn
- Adecco, Fulda
- Manpower, Frankfurt am Main
- Persona Service, Lüdenscheid
- DIS Deutscher Industrie Service, Düsseldorf

Auch die vertragliche Regelung im Rahmen eines Zeitarbeitsvertrages nach dem Arbeitnehmerüberlassungsgesetz (AÜG) wurde geändert. So kann die Zeitarbeitskraft, der Leiharbeiter oder die Leiharbeiterin, statt bisher 12 Monate künftig unbefristet und wiederholt am gleichen Arbeitsplatz beim gleichen Auftraggeber beschäftigt werden – nach 12 Monaten allerdings in der Regel zu den gleichen Arbeitbedingungen, insbesondere dem Arbeitsentgelt wie die Stammbelegschaft!

Als Weg aus der Arbeitslosigkeit und zum Einstieg oder Wiedereinstieg ist die Zeitarbeit eine erfolgversprechende Alternative, denn über die Hälfte der Zeitarbeiter war vorher arbeitslos.

Auch wenn die Zeitunternehmen es nicht gerne sehen und sich vertraglich abzusichern versuchen, werben ihnen ihre Kunden häufig qualifiziertes Personal ab. Es ist deshalb verständlich, dass gerade Unternehmen der Zeitarbeit sich auch als private Arbeitsvermittler betätigen und sich so die Übernahme von Zeitpersonal mit einer Vermittlungsprovision honorieren lassen.

Nach einer Untersuchung der Universität Marburg werden gerade Frauen durch Zeitarbeit in das Beschäftigungssystem (wieder) eingegliedert.

Also – ein durchaus erfolgversprechender Weg für Sie, in ein festes Arbeitsverhältnis übernommen zu werden. Ihre Probezeit haben Sie dann meist hinter sich, wenn Sie sich mit dieser individuellen Form des Jobrotation – dem wechselnden Einsatz in unterschiedlichen Firmen und Bereichen – bei den Personalverantwortlichen für künftige Aufgaben empfehlen können.

Anteile der Arbeitnehmer/innen in Zeitarbeit

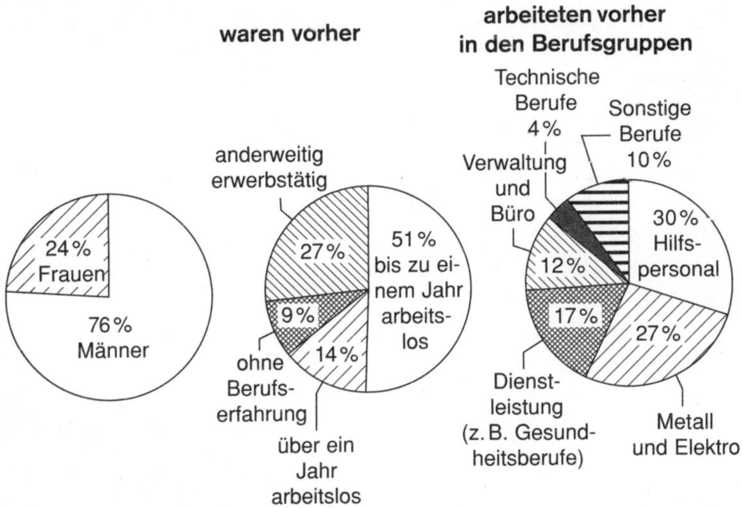

Abb. 10: Ende 2004 waren in Deutschland 320920 Zeitarbeiter bei 4646 Zeitarbeitsunternehmen beschäftigt (Quelle BZA, BA)

Tipp: Gestalten Sie die Zeitarbeit zur individuellen Jobrotation!

@WEBTIPP: www.zeitarbeit-forum.de; www.zeitarbeitsfirmen.de

Vom Wert mündlicher Absprachen

Wesentliche Punkte der Verhandlungen sollten schriftlich fixiert werden, damit es nicht zu unnötigen Meinungsverschiedenheiten und damit zur Belastung des Arbeitsverhältnisses kommt.

Dies ist ein Argument, mit dem Sie Ihren Verhandlungspartner überzeugen können, wenn er großzügig über schriftliche Festlegungen hinweggehen will.

Die mündliche Zusage auf Übernahme der Umzugskosten sollte z. B. im Begleitschreiben bestätigt werden, dagegen wird man Ihnen den in Aussicht gestellten beruflichen Aufstieg nicht schriftlich zusagen.

Manche Bewerber müssen die bittere Erfahrung machen, dass gerade die Gesprächspartner, die am meisten versprechen, um z. B. den neuen Mitarbeiter zu gewinnen, am wenigsten zu sagen haben und ihre Zusage am Veto des nächsthöheren Vorgesetzten scheitert.

Tipp: Beachte: Wer viel verspricht, hat oft nichts zu sagen!

Die Behauptung, „Das alles ist ein Missverständnis!", soll dann den Gesichtsverlust dem Bewerber und dem Vorgesetzten gegenüber vermeiden helfen. Leidtragender wird dabei aber immer der Bewerber bzw. neue Mitarbeiter sein.

Sie sollten deshalb ohne schriftliche Bestätigung der für Ihre Entscheidung wesentlichen Verhandlungspunkte ein bestehendes Arbeitsverhältnis nicht kündigen und sich nicht auf vage Zusagen verlassen.

Vereinbarung durch Bestätigung – Die stillschweigende Annahme

Wenn Ihnen im Arbeitsvertrag ein wesentlicher Punkt, z. B. die vorgesehene Aufgabenbeschreibung, nicht bestätigt wird, können Sie im Begleitschreiben, mit dem Sie den Vertrag zurückschicken, Ihrerseits nochmals bestätigen, dass Sie sich freuen, gerade diese neue Aufgabe übernehmen zu können, und dass Sie deshalb zur Kündigung Ihres derzeitigen Arbeitsverhältnisses bereit sind. Wenn der Arbeitgeber dem nicht widerspricht, wird diese Aufgabenbeschreibung und Bestätigung Bestandteil des Vertrages. Darin kann eine stillschweigende Annahme gesehen werden (BGH XI ZR 65/94). Sind Sie an einer nebenberuflichen Tätigkeit interessiert, so sollten Sie dies unbedingt im Arbeitsvertrag bestätigen lassen. Dies gilt z. B. für eine Dozententätigkeit.

Bei einer Konkurrenzklausel sollte Ihr späteres berufliches Fortkommen nicht unbillig erschwert werden. Rechtlich verbindlich sind maximal zwei Jahre, in denen Sie keine Aufgabe bei der Konkurrenz übernehmen können, und diese Karenzzeit muss verbunden sein mit einer Entschädigung von mindestens der Hälfte der vertraglichen Jahresbezüge (siehe **Vertragsmuster** mit Erläuterungen im Anhang).

Tarif und Gehalt

Für rund 70 Prozent der Beschäftigten sind Einkommen und Beschäftigungsbedingungen in nahezu 55 000 Tarifverträgen geregelt. Auch wenn dieser Anteil in den 90er-Jahren durch das Aufkommen der Unternehmen in der New Economy zurückgegangen ist, so orientieren sich über 20 Prozent der tariffreien Arbeitgeber an den Vorgaben der Tarifpartner ihrer Branche.

Das Herzstück von Tarifverträgen sind die Vorschriften über Lohn, Gehalt und Ausbildungsvergütungen. Die Festsetzung dieser „Tarife" hat dem Tarifvertrag seinen Namen gegeben.

Jedoch werden in Tarifverträgen eine Fülle von Regelungen getroffen, die insbesondere den Inhalt von Arbeitsverträgen betreffen.

Zunehmend streben die Unternehmen tarifliche Einzelregelungen an – gegen die Wirksamkeit der so genannten Flächentarifverträge.

Leistungen, die tariflich abgesichert sind, können vom Arbeitgeber, soweit eine Tarifbindung besteht, nicht vorenthalten, gekündigt oder gekürzt werden.

Insofern sind tarifliche Leistungen und Vereinbarungen die sicherste Grundlage für Ihre Gehalts- und Vertragsverhandlungen.

Auch wenn Sie keiner Gewerkschaft angehören und damit rechtlich keinen Anspruch auf tarifliche Leistungen haben, so wird kein Arbeitgeber einen gewerkschaftlich nicht organisierten Mitarbeiter schlechter stellen als die Gewerkschaftsmitglieder in seinem Betrieb.

Zudem gelten die Tarifverträge selbst dann, wenn Arbeitgeber und Arbeitnehmer nicht tarifgebunden sind, also weder dem Arbeitgeberverband noch der Gewerkschaft angehören, und zwar dann, wenn

- ein Tarifvertrag für einen Branchenbereich „allgemeinverbindlich" erklärt wurde (z. Z. ca. 500),
- im Arbeitsvertrag die Anwendung von Tarifbestimmungen vereinbart ist,
- der Tarifvertrag durch betriebliche Übung übernommen wird.

Von je 100 Betrieben sind tarifgebunden in …

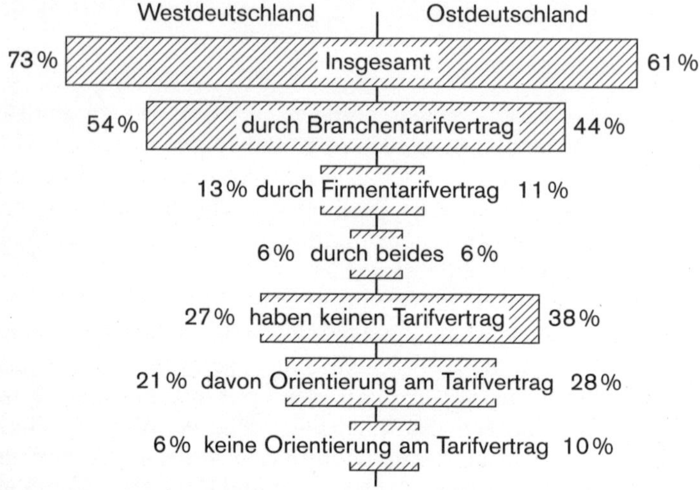

Abb. 11: Betriebe mit und ohne Tarifvertrag (Quelle: WSI, Stand 2004/2005, rundungsbedingte Differenzen)

In Arbeitsverträgen wird auf tarifliche Bestimmungen Bezug genommen „… im Übrigen gelten die tariflichen Bestimmungen für die Angestellten der … industrie in … (Tarifgebiet) …“ und sind damit Vertragsbestandteil Ihres Arbeitsvertrages.

Achten Sie bei der Festsetzung Ihres Monatsgehaltes darauf, dass Sie lieber in einer höheren Tarifgruppe z. B. als kaufm. Sachbearbeiter in K5 statt in K4 eingruppiert werden, als dass Sie eine übertarifliche Zulage erhalten, um Ihre Gehaltsforderung zu erfüllen.

Tipp: Achten Sie eher auf eine höhere Eingruppierung als auf ein höheres Gehalt!

Argumentieren Sie auch mit der Wertigkeit und Qualifikation Ihres derzeitigen Arbeitsplatzes und mit Besitzstandswahrung, wenn Sie bereits in einer höheren Gehaltsgruppe sind.

Nullrunde – Anrechnungspraxis bei Tariferhöhungen derzeitiges Gehalt + 2 %ige Tariferhöhung

	Euro	Euro
Tarifgehalt	3000,–	3060,–
10 %ige tarifliche Zulage	300,–	306,–
übertarifliche Zulage	100,–	34,–
	3400,–	3400,–

In der Regel wird nicht die gesamte tarifliche Erhöhung in einem Jahr aufgerechnet, aber es ist absehbar, wie schnell eine übertarifliche Zulage gegen null gehen kann.

Da eine freiwillige, d. h. übertarifliche Zulage jederzeit gekürzt oder mit einer tariflichen Erhöhung aufgerechnet werden kann und wird, bleibt Ihr Gehalt „eingefroren" bzw. steigt nicht entsprechend der tariflichen Erhöhung, solange Sie eine übertarifliche Zulage haben. In einem höchstrichterlichen Urteil wurde diese gängige Anrechnungspraxis zudem bestätigt (Az: AZR 380/92). Weniger als die Hälfte der westdeutschen und lediglich ein Sechstel der ostdeutschen Unternehmen zahlen noch über Tarif.

Das Informationskartell der Tarifpartner

Es ist mit einigem Aufwand verbunden, wenn Sie sich über tarifliche Regelungen vor allem in einer anderen Branche bzw. einem anderen Tarifbereich informieren wollen. Selbst die Kammern der Wirtschaft verweisen auf das Informationskartell der Tarifpartner, einer Verschwiegenheitsallianz von Gewerkschaften und Arbeitgeberverbänden.

Zudem verbieten gesetzliche Bestimmungen den Kammern, in arbeits- und sozialrechtlichen Fragen Auskünfte zu erteilen oder zu beraten. Dies gilt auch für die Arbeitsagenturen!

Die Gewerkschaften sehen sich nur ihren Mitgliedern gegenüber zu Tarifauskünften verpflichtet. In keinem Fall wird man Ihnen telefonische Auskünfte erteilen. Wenn Sie als Berufsanfänger, als Wiedereinsteigerin oder Arbeitsloser keiner Gewerkschaft angehören und Informationen brauchen, verweisen Sie darauf, dass Sie erst einen Arbeitsplatz brauchen, um zu wissen, welcher Gewerkschaft Sie beitreten sollen.

Inzwischen informiert die IG Metall auf ihrer Hompage mit einer Tarifdatenbank über aktuelle Tarifabschlüsse.

@WEBTIPP: www.igmetall.de/tarife; www.tarifvertrag.de

Weitere Möglichkeiten, sich über Tarife zu informieren, bieten sich Ihnen durch einen Rechtsanwalt oder durch gezieltes Nachfragen im Freundes- oder Bekanntenkreis, wenn diese in Firmen entsprechender Branchen beschäftigt sind.

Auch der Kollege Betriebsrat in Ihrem Unternehmen ist möglicherweise bereit, sich für Sie über die tariflichen Bestimmungen in einer anderen Branche zu erkundigen.

Tipp: Informieren Sie sich über den geltenden Tarifvertrag!

Arbeitgeber und Arbeitnehmer können sich grundsätzlich an die Tarifsammel- und Tarifauskunftsstelle beim Arbeits- und Sozialministerium des jeweiligen Bundeslandes wenden. Aus Kostengründen werden allerdings nur telefonische und keine schriftlichen Auskünfte erteilt.

Wenn Sie gezielt nach den für den Arbeitsvertrag wichtigsten Punkten fragen, wird diese Auskunft hilfreich sein. Stellen Sie deshalb bei einem beabsichtigten Stellenwechsel bzw. für eine Bewerbung folgenden Tarifvergleich an:

Punkt für Punkt: Kriterien für den Tarifvergleich

- Zahl der Wochenarbeitsstunden,
- Zahl der wöchentlichen Arbeitstage (Samstag?),
- Zahl der Urlaubstage,
- Höhe des Tarifgehaltes in der vergleichbaren Tarifgruppe,
- Höhe evtl. tariflicher Zulagen,
- Höhe des Urlaubsgeldes,
- Höhe der Jahressonderzahlung (Weihnachtsgeld).

Über die tariflichen Bestimmungen Ihrer Branche sollten Sie sich am schwarzen Brett Ihres Betriebes informieren können, denn für einen tarifgebundenen Arbeitgeber besteht die innerbetriebliche Publikationspflicht.

Bei der verwirrenden Fülle der Tarifverträge und dem Informationskartell der Tarifpartner hilft nur ein gezieltes Nachfragen, wenn Sie sich über tarifliche und damit vertragliche Bedingungen vor einem Vorstellungsgespräch sachkundig machen wollen.

Tarifvertragliche Regelungen sind die verlässlichste Grundlage für Ihre Vertragsverhandlungen, und bei der Gehaltsfrage haben Sie nur eine gute Position, wenn Sie vorinformiert sind.

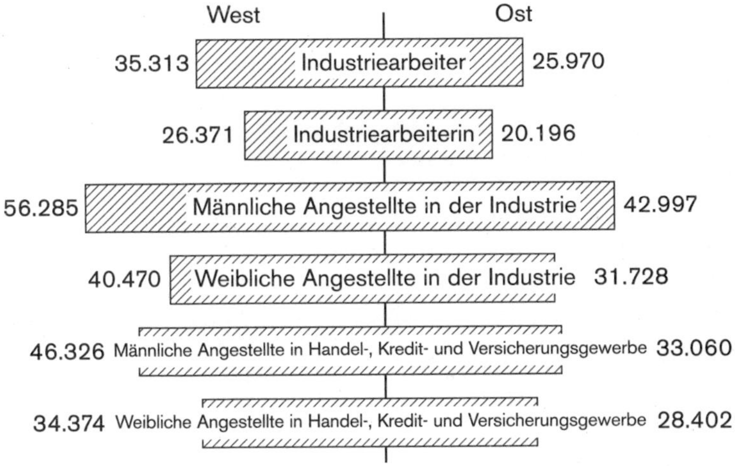

Abb. 12: Durchschnittliche Bruttoarbeitsverdienste 2004 in Euro (Quelle: Statistisches Bundesamt)

Nach einer Untersuchung des Instituts für Wirtschaftsforschung verzichten hoch qualifizierte Berufsanfänger in vorauseilender Bescheidenheit bei der Einstellung auf Extras wie Dienstwagen, Umzugskosten oder ein höheres Gehalt, was laut Kienbaum Vergütungsberatung im IT-Bereich als eine Rückkehr zur Normalität bewertet wird.

Mehr als 80 Prozent der deutschen Arbeitnehmer leisten Überstunden und rund ein Drittel gab bei einer Umfrage der Jobbörse Stepstone an, mindestens 50 Wochenstunden zu arbeiten.

Bei einer tariflichen Wochenarbeitszeit von 35 Stunden sind dies immerhin rund 30 Prozent der Arbeitszeit und hoch qualifizierte Mitarbeiter lassen jährlich 2,6 Urlaubstage verfallen.

Die Einstellgehälter für Volks- und Betriebswirte mit Uniabschluss sind in den Unternehmen meist festgelegt mit einer Bandbreite von plus/minus 15 Prozent und liegen bei ca. 45 000 Euro brutto.

Einen besonderen Service bietet der Gehaltscheck im Internet mit über 35 000 Gehaltsprofilen von rund 600 Berufen und Tätigkeiten, davon keines älter als zwölf Monate, wie die Suchmaschine verspricht. Dabei können Sie Ihr Gehalt anonym durchrechnen lassen.

@WEBTIPP: www.gehalts-check.de; www.lohnspiegel.de

> **Tipp:** Verhandeln Sie beim Einstellgehalt flexibel!

Ein niedrigeres Gehalt zu akzeptieren, wird leichter fallen, wenn die erste Gehaltserhöhung bereits **schriftlich** vereinbart wird. Der richtige Zeitpunkt hierfür ist das Ende der Probezeit.

Damit verschaffen Sie sich als Bewerber auch einen Verhandlungsspielraum, der den Arbeitgeber überzeugt, weil Sie erst die Leistung bringen wollen und dann das (höhere) Gehalt.

AT-Angestellte als arme Teufel?

AT-Angestellte sollten mit Aufgaben betraut sein, die höhere Anforderungen stellen, als sie in der höchsten Tarifgruppe formuliert sind. Für sie gelten dann die Tarifverträge nicht. Außertariflich sollte eigentlich immer **übertariflich** heißen. Das gilt vor allem für das Gehalt und die freiwilligen Leistungen des Arbeitgebers.

> **Tipp:** Gestalten Sie Ihren außertariflichen zu einem **über**tariflichen Vertrag!

In manchen Tarifverträgen werden alle Arbeitnehmer zu außertariflichen Angestellten erklärt, deren Gehalt 20 bis 25 Prozent über der höchsten Tarifgruppe liegt.

Diese Regelung birgt für Sie Nachteile, denn außertarifliche Angestellte haben aufgrund einer einzelvertraglichen Vereinbarung keinen Anspruch auf Überstundenvergütung; mit der Höhe des Gehaltes sind diese Überstundenleistungen abgegolten. Trotzdem hat auch ein AT-Angestellter Anspruch auf tarifvertraglich vereinbarte Arbeitszeitverkürzung – er kann dann einige unbezahlte Überstunden mehr aufschreiben! (BAG, 4 AZR 584/87) Zusatzleistungen und Zulagen für AT-Angestellte, wie Gratifikationen, Tantiemen, Jahresabschlussvergütungen, Krankengeldzuschuss, dreizehntes Monatsgehalt, höheres Urlaubsgeld, Prämien, Unfallversicherungen, betriebliche Altersversorgung etc., sind Bestandteile eines außertariflichen Vertrages. Versuchen Sie in einem Anstellungsvertrag als außertariflicher Angestellter folgende Klausel zu vereinbaren:

Gleitklausel im AT-Vertrag

„Das monatliche Grundgehalt erhöht sich mindestens um den Prozentsatz und zu dem Zeitpunkt, den die Tarifvertragsparteien für die Angestellten des Unternehmens vereinbart haben."

Meist steht im AT-Vertrag die Klausel, dass die Bezüge regelmäßig jährlich überprüft werden. Überprüfung heißt aber nicht immer auch Erhöhung!

So können Sie sich vertraglich absichern:

(1) Prüfen Sie bei Schwierigkeiten in der Stellensuche auch atypische Vertragsverhältnisse wie Jobsharing, Zeitverträge, Zeitarbeit oder freie Mitarbeit!
(2) Informieren Sie sich über die wichtigsten tarifvertraglichen Regelungen!
(3) Legen Sie Wert auf einen schriftlichen Arbeitsvertrag und achten Sie auf Vorbehalte oder auf eine Befristung!
(4) Bestätigen Sie wesentliche Vertragsvereinbarungen gegebenenfalls nachträglich im Begleitschreiben!
(5) Achten Sie auf die Einschränkung des Weisungsrechts durch konkrete Aufgabenbeschreibung im Arbeitsvertrag!
(6) Akzeptieren Sie einen AT-Vertrag nur, wenn er tatsächlich ein übertarifliches Gehalt und zusätzliche Leistungen enthält!
(7) Verlassen Sie sich nicht auf mündliche Zusagen!
(8) Kündigen Sie nie ein bestehendes Beschäftigungsverhältnis ohne schriftliche Zusage oder Vertragsangebot!
(9) Besorgen Sie sich eine Sammlung arbeitsrechtlicher Gesetze!

4. Anhang

4.1 Vertragsmuster

Die Firma
① **ECOL GmbH**
Industriestraße 19, 76210 Karlsruhe
im Folgenden „Unternehmen“ genannt
und

Herr/Frau ____________________

wohnhaft in ____________________

Straße ____________________

geboren am ____________________ in ____________________

im Folgenden „Mitarbeiter“ genannt
schließen folgenden

ANSTELLUNGSVERTRAG

② **1. Beginn und Inhalt des Arbeitsverhältnisses**

Das Arbeitsverhältnis beginnt am ______. Die ersten ______ Monate gelten als Probezeit. Während der Probezeit kann das Arbeitsverhältnis beiderseits unter Einhaltung einer Frist von ______ zum ______________ gekündigt werden.
Wird das Arbeitsverhältnis während der Probezeit nicht gekündigt, so geht es nach Ablauf der vereinbarten Frist in ein unbefristetes Arbeitsverhältnis über, ohne dass es einer besonderen Bestätigung bedarf.

③ Der Mitarbeiter wird als ____________________ eingestellt.

④ Der Mitarbeiter nimmt folgende Aufgaben eigenverantwortlich wahr:

____

____

⑤ Die beigefügte Arbeitsplatzbeschreibung (Anlage) ist Bestandteil dieses Arbeitsvertrages.

Das Unternehmern ist berechtigt, dem Mitarbeiter bei Bedarf andere, zumutbare Arbeiten innerhalb des Unternehmens ohne Gehaltskürzung zuzuweisen.

⑥ Eine Versetzung an einen anderen Ort kann nur im Einvernehmen mit dem Mitarbeiter erfolgen.

2. Vergütung

Der Mitarbeiter erhält ein monatlichers Gehalt von Euro ______________
Dieses Gehalt setzt sich wie folgt zusammen: (bei Teilzeit Basisgehalt: Euro____________)

Tarifgehalt nach Gruppe ____________	Euro ____________
tarifliche Zulage	Euro ____________
übertarifliche Zulage	Euro ____________
⑦ Effektivgehalt	Euro ____________

⑧ Etwaige, die tariflichen Ansprüche übersteigende Mehrbezüge können bei einer Veränderung der tariflichen Ansprüche, gleich aus welchem Rechtsgrund diese erfolgt, ganz oder teilweise angerechnet werden. Außertarifliche Zulagen, Prämien oder Sonderzahlungen jeder Art sind freie, jederzeit ohne Einhaltung einer Frist widerrufliche Zahlungen des Unternehmens.

Diesem Gehalt liegt eine durchschnittliche Arbeitsleistung von _____ Std. monatlich zugrunde.

Das Bruttogehalt ist jeweils am Ende eines Kalendermonats bargeldlos unter Berücksichtigung der gesetzlichen Abzüge zahlbar.

Regelungen über tarifliche jährliche Sonderzahlungen und die Vergütung von Mehrarbeit richten sich nach den Bestimmungen des Mantel-/Gehaltstarifvertrages des/der ______________________________________,
dessen Bestimmungen auch im Übrigen Anwendung finden.
Eine Abtretung oder Verpfändung von Gehaltsansprüchen ist unzulässig.

⑨ **3. Arbeitszeit**

Die regelmäßige wöchentliche Arbeitszeit beträgt _____ Stunden; ihre Verteilung auf die einzelnen Wochentage sowie Beginn und Ende der täglichen Arbeitszeit richten sich nach den tariflichen und betrieblichen Bestimmungen.

⑩ **4. Kündigung**

Der Anstellungsvertrag kann von jedem Vertragspartner mit einer Frist von ____________ zum Ende eines ____________ gekündigt werden.
Die Kündigung muss schriftlich erfolgen.

Das Arbeitsverhältnis endet ohne Kündigung mit Ablauf desjenigen Monats, in dem der Mitarbeiter das 65. Lebensjahr vollendet, sofern das Arbeitsverhältnis nicht schon vorher aufgrund einer Rente wegen Erwerbs- oder Berufsunfähigkeit oder eines vorgezogenen Altersruhegeldes aufgelöst wird.

⑪ 5. Urlaub

Der Mitarbeiter hat einen Urlaubsanspruch von ______ Arbeitstagen pro Kalenderjahr. Bestimmungen über die Gewährung des Urlaubs, über die Behandlung anteiliger Ansprüche bei Aus- oder Eintritt des Mitarbeiters innerhalb eines Kalenderjahres sowie über die Freistellung von der Arbeit aus besonderen Anlässen richten sich nach den Vorschriften des Manteltarifvertrages der/des ____________________ in der jeweils gültigen Fassung.

6. Geheimhaltung

Der Mitarbeiter ist verpflichtet, über die im Unternehmen ausgeführten Tätigkeiten und Geschäftsvorgänge Stillschweigen zu wahren. Diese Verpflichtung gilt auch für die Zeit nach dem Ausscheiden aus dem Unternehmen.

⑫ 7. Nebenbeschäftigung

Eine nebenberufliche Tätigkeit, die den Belangen des Unternehmens zuwiderläuft, ist nicht gestattet. Der Mitarbeiter ist verpflichtet, vor Übernahme einer Nebenbeschäftigung grundsätzlich die vorherige Zustimmung der Personalleitung einzuholen.

8. Arbeitsversäumnis

Der Mitarbeiter verpflichtet sich, dem Unternehmen jede Dienstverhinderung und ihre voraussichtliche Dauer unverzüglich anzuzeigen und auf Verlangen auch die Gründe hierfür mitzuteilen.
Im Falle einer Erkrankung hat der Mitarbeiter spätestens am dritten Fehltag eine ärztliche Arbeitsunfähigkeitsbescheinigung vorzulegen. Entsprechendes gilt, wenn die Arbeitsunfähigkeit länger dauert, als auf der Bescheinigung angegeben ist.
Falls der Mitarbeiter durch einen Dritten schuldhaft verletzt oder an der Ausübung seiner Tätigkeit verhindert worden ist, so tritt er seine Schadenersatzansprüche an das Unternehmen insoweit ab, als diese infolge Arbeitsunfähigkeit oder Dienstverhinderung Bezüge ganz oder teilweise weitergezahlt hat.

9. Schlussbestimmungen

Für das Arbeitsverhältnis gelten in ihrer jeweiligen Fassung die tariflichen Bestimmungen für die Angestellten der ______________________________ in ______________________________, die Arbeits- (oder: Betriebs-) Ordnung sowie die sonstigen Betriebsvereinbarungen und betrieblichen Regelungen, soweit im Folgenden nichts anderes vereinbart ist.

10. Vertragsänderungen

Mündliche Nebenabreden bestehen nicht. Änderungen und Ergänzungen des Vertrages bedürfen zu ihrer Gültigkeit der Schriftform.

⑬ **11. Sondervereinbarungen**

- z. B. Regelungen zu:
- Trennungsentschädigung
- Umzugskosten
- Reisekostenvergütung
- Altersversorgung
- Dienstwagen
- Unfallversicherung
- Entgeltzahlung bei Krankheit und im Todesfall

Karlruhe, den

Unternehmen ______________________ Mitarbeiter: ______________________

Anmerkungen zum Vertragsmuster

① Die genaue Unternehmensbezeichnung ist wichtig. Sollten Sie zum Beispiel von einem Zweigwerk eines großen Konzerns eingestellt werden, ist rechtlich das Zweigwerk Ihr Vertragspartner, wenn dies ausdrücklich erwähnt wird.

② Achten Sie darauf, dass das Arbeitsverhältnis nicht befristet ist!

③ Achten Sie auf die Positionsbezeichnung, wie sie z. B. im Stellenangebot steht. Dies gilt vor allem für Führungspositionen!

④ Aus dem Vertrag sollte exakt hervorgehen, welches Arbeits- und Aufgabengebiet Ihnen übertragen wird.

⑤ Versuchen Sie, dass dieser Passus in Ihren Vertrag aufgenommen wird. Ohne Ihre Zustimmung kann der Arbeitgeber Ihnen dann keine anderen Aufgaben übertragen. Einschränkung seines Weisungsrechts!

⑥ Ist dies Vertragsbestandteil, bedarf es zur Versetzung eines Mitarbeiters einer so genannten Änderungskündigung durch den Arbeitgeber.

⑦ Es wird immer das Brutto-Einkommen angegeben. Davon muss der Arbeitnehmer Steuern und Sozialversicherungsbeiträge entrichten.

⑧ Achten Sie darauf, dass die übertarifliche Zulage nicht unangemessen hoch ist. Gefahr der „Nullrunde“! Streben Sie stattdessen eine höhere Tarifgruppe an.

⑨ Arbeitszeit ist die Zeit vom Beginn bis zum Ende der Arbeit, abzüglich der Pausen. Nach dem Arbeitszeitgesetz (ArbZG) darf die regelmäßige tägliche Arbeitszeit 8 Stunden nicht übersteigen. Andere Regelungen, die mit Überstunden zusammenhängen, finden Sie im jeweiligen Tarifvertrag.

⑩ Die gesetzlichen Kündigungsfristen wurden für Angestellte verkürzt. Es gelten jedoch weitgehend noch die tariflichen Fristen – in der Regel 6 Wochen zum Quartalsende. Bedenken Sie auch, dass lange Kündigungsfristen Ihre Mobilität für einen Stellenwechsel einschränken.

⑪ Im BUG (Bundesurlaubsgesetz) ist der gesetzliche Mindesturlaub geregelt:

Nach 6 Monaten Wartezeit mindestens 24 Werktage im Jahr. Tarifbestimmungen und einzelvertragliche Regelungen gehen deutlich darüber hinaus.

⑫ Nebentätigkeit in diesem Sinne sind sowohl Tätigkeiten in einem festen Arbeitsverhältnis als auch freiberufliche Tätigkeiten.

⑬ In der Regel werden Sie einen vorgefertigten Standardarbeitsvertrag vorgelegt bekommen, in dem nur noch einige Daten einzutragen sind. An den Zusatzvereinbarungen beweist sich letztlich, wie gut Ihre Verhandlungsposition ist bzw. welchen Spielraum Ihre Verhandlungspartner haben.

4.2 Arbeitsblätter

Anzeigenanalyse

Anzeige vom .... in der .... Firma ....

Anzeigenprofil Angaben und Informationen	**Eigenprofil** Kenntnisse, Fertigkeiten Fähigkeiten, Erfahrungen
Wir sind – Firmenprofil	In der Branche, in vergeichbaren Firmen
Wir haben – Stellenprofil	aus Aufgaben, Tätigkeiten, Funktionen, Verantwortlichkeiten
Wir suchen – Anforderungsprofil	fachliche und persönliche Qualifikation

Stellengesuch

So gestalten und texten Sie ein wirkungsvolles und aussagefähiges Eigeninserat:

Schlagzeile:

Schlagwort: Beruf, Funktion, Qualifikation
Ergänzung: Branche, Zielgruppe, attraktive Zusatzqualifikationen

ich bin:

Ausbildung, Beruf, Funktion, Position, Vollmachten.
Verantwortlich, zuständig für...
Persönliche Merkmale, Alter, Familienstand, ungekündigte Stellung

ich biete:

Kenntnisse, Fertigkeiten, Fähigkeiten, Erfahrungen, Spezialkenntnisse, Zusatzqualifikationen, Motivationen, Kompetenzen

ich suche:

Aufgabe, Tätigkeit, Verantwortungsbereich, Position, Aufstiegsmöglichkeiten

Zuschriften erbeten an:

Bewerbungsschreiben

	Welche Erwartungen hat der Arbeitgeber?
Antworten Sie adressatenbewusst!	
	Firmenprofil, Stellenprofil, Anforderungsprofil
Gehen Sie auf den Anzeigentext ein! Greifen Sie Tätigkeits- und Qualifikationsmerkmale argumentativ auf!	
	Bildungsnachweise, Arbeitszeugnisse, schriftliche Nachweise, Belege
Bringen Sie Fakten und Beispiele aus Ihrem persönlichen und beruflichen Werdegang! Verweisen Sie auf schriftliche Nachweise!	
	Mögliche Schwachstellen
Liefern Sie für evtl. Schwachstellen Begründungen! Bieten Sie eine Erklärung im Gespräch an!	

Zeugnisanalyse

Zeugnis der Firma .... vom ....

Analysieren Sie Ihr Arbeitszeugnis nach:

Vollständigkeit und Richtigkeit Ihrer Personalien/Ein- und Austrittsdaten.
Was fehlt? ________________________________

Vollständigkeit und Aussagefähigkeit der Aufgaben- und Tätigkeitsbeschreibungen.
Was fehlt? ________________________________

Richtigkeit und Vollständigkeit der Leistungsbeurteilung.
Was fehlt? ________________________________

Richtigkeit und Vollständigkeit der Verhaltensbeurteilung.
Was fehlt? ________________________________

Individualität durch zusätzliche und persönliche Qualifizierung.
Was fehlt? ________________________________

Individualität in abschließender Dank- und Glückwunschformel.
Was fehlt? ________________________________

Grad der Verbindlichkeit des gesamten Zeugnisses.
Was fehlt? ________________________________

Welche Formulierungen sind Ihnen unverständlich oder machen Sie unsicher?

____

____

____

Überlegen Sie, wer Sie für eine objektive Bewertung Ihres Arbeitszeugnisses beraten kann!

Fangfragen

Denken Sie daran: Es sind nicht die Fragen, die verfangen, sondern die Antworten! Das Überraschungsmoment ist die Absicht Ihres Gesprächspartners. Ihm sollen Sie mit überlegten Antworten begegnen!

Wie würden Sie die folgenden Fragen in einem Vorstellungsgespräch beantworten?

Frage	**Ihre Antwort**
Was haben Sie von dem nicht erreicht, was Sie sich vorgenommen haben?	______________________

Damit soll herausgefunden werden, wie selbstbewusst und selbstsicher Sie sind und ob Sie realistische Ziele verfolgen und diese gegebenenfalls korrigieren.

Frage	**Ihre Antwort**
Was tun Sie fachlich besonders gern?	______________________
Und was tun Sie nicht gern?	______________________

Damit soll herausgefunden werden, wo Ihre Stärken und Schwächen sowie Ihre Neigungen und Interessen oder die Begründung für Leistungen etc. liegen.

Frage	**Ihre Antwort**
Was haben Sie in den letzten 12 Monaten für Ihre fachliche Weiterbildung getan?	______________________

Frage	**Ihre Antwort**
Definieren Sie das Wort Führung!	______________________

Damit lässt sich herausfinden, inwieweit Sie sich mit Fragen der Personalführung beschäftigt haben und welches Konzept/Führungsstil Sie positiv oder negativ bewerten.

Frage	**Ihre Antwort**
Definieren Sie die Begriffe Kostenbewusstsein und Qualität. Was bedeuten sie Ihnen!	

Frage	**Ihre Antwort**
Auf welche Eigenschaften würden Sie besonders achten, wenn Sie einen Stellvertreter aussuchen müssten?	

Damit lässt sich einiges über Ihre Führungsvorstellungen erfahren.

Frage	**Ihre Antwort**
Welche Eigenschaften eines Vorgesetzten würden Ihnen am meisten Schwierigkeiten machen?	

Die Antwort lässt Rückschlüsse auf Ihre Charaktereigenschaften zu.

Frage	**Ihre Antwort**
Welchen Punkt/Status in Ihrer Berufslaufbahn möchten Sie in 5 Jahren erreicht haben?	

Daraus lässt sich einiges über Ihren Ehrgeiz und die Einschätzung Ihrer Fähigkeiten wie Ihre Karrierepläne entnehmen.

Frage	**Ihre Antwort**
Von welchen Vorgesetzten oder Kollegen haben Sie im Laufe Ihrer beruflichen Entwicklung am meisten gelernt und was?	

An dieser Antwort werden Ihre Lernbereitschaft und Ihre Vorbilder ersichtlich.

Frage	**Ihre Antwort**
Was würden Sie tun, wenn Sie nicht arbeiten müssten?	______________________

Die Antwort lässt Rückschlüsse über Ihre Arbeitsmotivation und Lebenseinstellung zu.

Schreiben Sie weitere Fragen auf, die für Sie oder für andere überraschend waren und beantworten Sie diese.

Frage	**Ihre Antwort**

Sachverzeichnis

Aktiv bewerben 1, 29, 145
Aktiv zuhören 139
Anforderungsprofil 23, 48
Anzeigenanalyse 16
Arbeitsagentur 34
Arbeitsvermittler 40
Arbeitsvertrag 141
Arbeitsvertragsmuster 157
Arbeitszeugnis 81, 166
Assessment-Center 121
AT-Angestellte 154
Auswahlkriterien 129
Auswahlmethoden 47, 120

Befristeter Arbeitsvertrag 143
Beurteilungskriterien 129
Bewerberauswahl 47, 120
Bewerberberater 39
Bewerberprofil 23, 48
Bewerbungsmappe 60, 72
Bewerbungsschreiben 63, 72
Blindbewerbung 57

Chiffreanzeige 27
Closed shop 59

Doppelqualifikation 132
Drogentest 106

Eigeninserat 29, 164
Eigenprofil 29, 164
Eignungstest 120
Einstellungstermin 4, 70
E-Mailbewerbung 46

Fangfragen 113, 167
Firmendatenbank 16
Firmeninformation 7
Firmenportal 16
Firmenprofil 19
Fragetechnik 107

Gehalt 69, 100, 149
Gesprächsführung 117, 135
Gesprächspartner 96
Graphologisches Gutachten 51

Handschriftprobe 51
Headhunter 40

Initiativbewerbung 57
Interner Arbeitsmarkt 4
Interne Stellenausschreibung 2

Jobbörse 1, 10
Jobmessen 58
Jobrotation 146
Jobsharing 145
Jobsurfing 10

Kleidung 100

Lebenslauf 49, 73
Lichtbild 73
Lücken 75

Matching-Verfahren 48
Mobilität 26
Mündliche Absprachen 147
Musskriterien 26

Newplacement 40
Nischenstrategie 60

Online-Assessment 49, 123
Online-Bewerbung 46
Outfit 100
Outplacement 42

Personalanzeige 16, 163
Personalberater 39
Personalleasing 145
Persönlichkeitsmerkmale 24, 130
Private Arbeitsvermittlung 40
Probezeit 143
Psychologische Tests 123

Quereinstieg 66

Recruiting-Messen 58
Referenzen 50

Schwachstellen 67
Schwangerschaft 104
Softskills 66
Standardfragen 116
Stellenanzeige 16, 163
Stellengesuch 29, 164
Stellenprofil 22, 48
Studienort 134

Tarif 149
Tarifvergleich 152
Tarifvertrag 149
Telefoninterview 53
Telefonische Anfrage 53
Tests 120
Teststrategie 125

Unaufgeforderte Bewerbung 57
Unzulässige Fragen 111

Vertrauliche Behandlung 79, 113
Vorauswahl 47
Vorstellungsgespräch 94, 135

Zeitarbeit 145
Zeugnis 81, 166
Zeugnisanalyse 50, 81
Zwischenzeugnis 86

Buchanzeigen

Der Start in den Beruf

Reinker

Das Job-Lexikon

Erste Hilfe für den Berufsstart.
Eine Fülle von Informationen, praktischen Tipps und Denkanstößen, garniert mit witzigen Beispielen aus dem Berufsalltag.

1. Aufl. 2004. 768 S. €
€ 19,50. dtv 50878

Aus den Pressestimmen:

»Die wichtigsten Finten und fiesesten Fettnäpfchen für Berufseinsteiger.«
SPIEGEL online

»Besonders schön: der Mix aus seriöser Information und witzigen Beispielen aus dem Berufsalltag.«
Young Miss

»750 Seiten voller Tipps, Infos und Denkanstöße – was soll da noch passieren.«
Berliner Morgenpost

Beruf und Karriere

Cassens

Work-Life-Balance

Wie Sie Ihr Berufs- und Privatleben in Einklang bringen.
Möglichkeiten für ein System zur erfolgreichen Bewältigung Ihrer individuellen Aufgaben und zur Vermeidung von Zivilisationskrankheiten.

1. Aufl. 2003. 214 S. €
€ 9,50. dtv 50872

Hofmann/Linneweh/Streich

Erfolgsfaktor Persönlichkeit

Managementerfolg durch Leistungsfähigkeit und Motivation.
Positiver Umgang mit Anforderungen im beruflichen und privaten Umfeld, Selbstreflexion, Möglichkeiten zur Bewältigung von als stresshaft erlebten Situationen – hier finden Führungskräfte einen fundierten Überblick über Ansatzmöglichkeiten zur Erreichung einer befriedigenden Work-Life-Balance.

1. Aufl. 2006. Rd. 300 S. €
Ca. € 12,50. dtv 50904
In Vorbereitung für Sommer 2006

Knieß

Kreativitätstechniken

Methoden und Übungen.
Kreativität ist der Schlüssel zum Erfolg. Neben einem Überblick über Methoden und Einsatz gibt es in einem umfangreichen Praxisteil Beispiele und Übungsaufgaben, die konkret helfen, das kreative Verhalten zu fördern.

1. Aufl. 2006. 268 S. €
€ 9,50. dtv 50906
Neu im August 2006

Hugo-Becker/Becker

Motivation

Neue Wege zum Erfolg.

1. Aufl. 1997. 419 S. €
€ 10,17. dtv 5896

Beruf und Karriere

Haug
Erfolgreich im Team

Praxisnahe Anregungen für effiziente Team- und Projektarbeit.
Mit Diagnose von Erfolgsfaktoren und konkreten Hilfestellungen.

3. Aufl. 2003. 187 S. €
€ 9,–. dtv 5842

Bender
Teamentwicklung

Der effektive Weg zum »Wir«.
Systematische Führung durch die Phasen der Teamentwicklung mit Anleitung für effiziente Teamleitung.

1. Aufl. 2002. 284 S. €
€ 12,50. dtv 50858

Fuchs-Brüninghoff/Gröner
Zusammenarbeit erfolgreich gestalten

Eine Anleitung mit Praxisbeispielen.

1. Aufl. 1999. 203 S. €
€ 9,15. dtv 50834

Zander/Femppel
Praxis der Personalführung

Was Sie tun und lassen sollten. Das Was und Wie der Personalführung, 99 Tipps, Fallbeispiele, Führungsgrundsätze.

1. Aufl. 2001. 129 S. €
€ 8,50. dtv 50841

Hugo-Becker/Becker
Psychologisches Konfliktmanagement

Menschenkenntnis – Konfliktfähigkeit – Kooperation.

4. Aufl. 2004. 418 S. €
€ 13,–. dtv 5829

Lang
Schlüsselqualifikationen

Handlungs- und Methodenkompetenz, personale und soziale Kompetenz.

1. Aufl. 2000. 600 S. €
€ 15,08. dtv 50842

Mentzel
Personalentwicklung

Erfolgreich motivieren, fördern und weiterbilden. Bedarfsfeststellung, Planung und Durchführung der Förder- und Bildungsmaßnahmen, Kosten- und Erfolgskontrolle.

2. Aufl. 2005. 318 S. €
€ 10,–. dtv 50854

Drzyzga
Personalgespräche richtig führen

Ein Kommunikationsleitfaden. Der rasche Überblick über die fachlichen und psychologischen Faktoren des Gesprächs mit Mitarbeitern.

1. Aufl. 2000. 148 S. €
€ 8,64. dtv 50840

Weisbach

Professionelle Gesprächsführung

Ein praxisnahes Lese- und Übungsbuch.
Wie das Gespräch als Mittel der Führung zweckmäßig, zielorientiert und rationell genutzt werden kann.

6. Aufl. 2003. 494 S. €
€ 12,–. dtv 5845

Weisbach/Sonne-Neubacher

Leadership in Professional Conversation

Translation of »Professionelle Gesprächsführung«

1. Aufl. 2005. 420 S. €
€ 14,–. dtv 50879

Neuhäuser-Metternich

Kommunikation im Berufsalltag

Verstehen und verstanden werden.

1. Aufl. 1994. 300 S. €
€ 8,64. dtv 5869

Zander/Femppel

Praxis der Mitarbeiter-Information

Effektiv integrieren und motivieren. Motivation von Mitarbeitern mit gezielter und empfängerorientierter Information.

1. Aufl. 2002. 103 S. €
€ 8,50. dtv 50860

Bühring-Uhle/Eidenmüller/Nelle

Verhandlungsmanagement

Intuition - Strategie - Effektivität.
Agieren Sie zielgerichtet und erfolgreich.

1. Aufl. 2006. Rd. 250 S.
Ca. € 13,50. dtv 50640
In Vorbereitung für Sommer 2006

Mentzel

Rhetorik

Sicher und erfolgreich sprechen.
Bausteinsystem für die Vorbereitung und Durchführung eines Vortrags. Zahlreiche Übungen, um die vorgestellten Regeln und Empfehlungen im Einzel- oder Gruppentraining zu vertiefen.

1. Aufl. 2000. 228 S. €
€ 8,44. dtv 50845

Weisbach

Gekonnt kontern

Wie Sie verbale Angriffe souverän entschärfen.
Gewußt wie: Gekonnt kontern ist weniger eine Frage der Spontaneität als vielmehr der Ausdruck guter Vorbereitung. Die wichtigsten Tipps finden Sie hier.

1. Aufl. 2004. 197 S. €
€ 9,–. dtv 50885

Jeske

Erfolgreich verhandeln

Grundlagen der Verhandlungsführung.

1. Aufl. 1998. 238 S. €
€ 8,64. dtv 50824

Beruf und Karriere

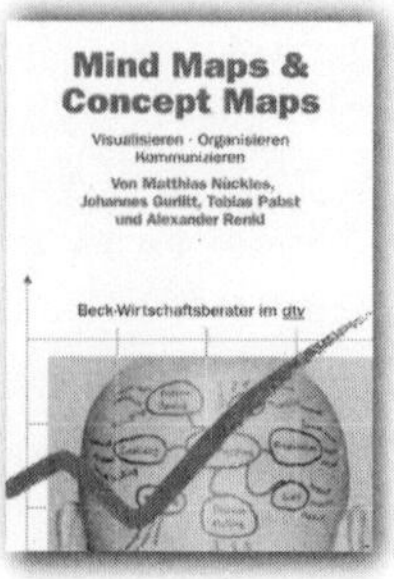

Nückles/Gurlitt/Pabst/Renkl

Mind Maps und Concept Maps

Visualisieren, Organisieren, Kommunizieren.
Mit Lern- und Arbeitstechniken das individuelle und kooperative Wissensmanagement auf einfache wie effektive Weise unterstützen.

1. Aufl. 2004. 162 S. €
€ 9,50. dtv 50877

Breger/Grob

Präsentieren und Visualisieren

... mit und ohne Multimedia.

1. Aufl. 2003. 265 S. €
€ 11,–. dtv 50855

Klotzki

Wie halte ich eine gute Rede?

In 7 Schritten zum Publikumserfolg.

1. Aufl. 2004. 116 S. €
€ 8,–. dtv 50873

Haberzettl/Birkhahn

Moderation und Training

Ein praxisorientiertes Handbuch.
Das Buch zeigt eine Auswahl hocheffektiver Methoden des NLP und anderer Verfahren so, dass sie unmittelbar anwendbar und sofort umsetzbar sind.

1. Aufl. 2004. 288 S. €
€ 12,50. dtv 50866

Barth

Telefonieren mit Erfolg

Die Kunst des richtigen Telefonmarketing.
Dieser Berater betrachtet Telefonmarketing als Wirtschaftsfaktor und Marketing-Instrument und führt in die Grundlagen der Kommunikation ein.
Bewährte Methoden und Tricks werden ebenso vorgestellt wie kluge Fragetechniken.

2. Aufl. 2005. 137 S. €
€ 7,50. dtv 50846

Briese-Neumann

Optimale Sekretariatsarbeit

Büroorganisation und Arbeitserfolg.
Ein Leitfaden für Chefs und Sekretariatsmitarbeiter.
Mit Checklisten, Tipps und Beispielen.

1. Aufl. 1998. 308 S. €
€ 10,17. dtv 50804

P143142-524